spring Time

朝氣蓬勃 · 春風和煦的手作時節

　　舒適的春風降臨大地，溫柔的與北風道別。萬物充滿朝氣的迎接春天到來，神清氣爽的望著暖陽舒展著。在這風光明媚的好天氣，花草隨著微風輕微搖擺，蟲鳴鳥叫應聲著高歌，人們投入在手作的美好日子裡，靜靜享受著春季帶來的溫暖和煦。

　　本期 Cotton Life 推出親子郊遊包主題！邀請擅長車縫與創作的專家，運用春天系清爽明亮的配色，製作出不同造型同中求異的親子包，感受成雙成對的親暱感。從造型精細又實用的指揮艇組合後背包、粉嫩色如糖果般幸福的清甜時光、配色顯眼好看的幾何時尚隨行包、對比強烈大膽的桃紅柳綠手提包，到可愛討喜的鳥語花香空氣包，每組亦可單獨製作，款式更多樣。

　　刺繡融入包款的設計，製作出立體圖案的效果。本期專題「春色刺繡款」，運用春日柔和且豐富的色彩，繡出精緻的美感。造型小巧，色彩鮮明的一花獨繡小肩包、配色溫暖有質感的優雅春意肩背包、可愛隨性的森林刺蝟旅人包、繡花精美的花團錦簇收納包，還有溫馨淡雅的籬笆上的幸福熊刺繡包，不論想學包款作法或刺繡技法都可兼得。

　　專為零碼布規劃的一尺完成布手作單元，讓你買布時可以精確用量不浪費，經濟又實惠的特別企劃。本期收錄好品味生活的品酒袋禮物組、多樣可愛又攜帶方便的おいしい可愛造型零錢包、造型逗趣生動的呆萌君智慧手機袋，還有民生必需的保溫小提包，每款都將一尺布運用的很有價值。

感謝您的支持與愛護
Cotton Life 編輯部
cottonlife.pixnet.net/blog

Parent-child 親子郊遊包

Cotton Life 春日手作系

2015年04月號 CONTENTS

好評連載

延續企劃

Embroidery 春色刺繡款

刺繡專題

用布量特企

Enough 一尺完成布手作

徵稿專線

Cotton Life 長期徵求拼布老師、手作達人，竭誠歡迎各界高手來稿，將您的作品和創作故事，與我們一同分享～

(02)2223-3531#23
cottonlife.service@gmail.com

Cotton Life 玩布生活 No.18

編　者 Cotton Life 編輯部
總編輯 彭文富
主　編 張維文、潘人鳳、曾瓊儀
美術設計 柚子貓、許銘芳、曾瓊慧、April
攝　影 林宗億、詹建華、蕭維剛、David
紙型繪圖 菩薩蠻數位文化

出 版 者／飛天出版社
地　　址／新北市中和區中山路 2 段 530 號 6 樓之 1
電　　話／(02)2223-3531、傳真／(02)2222-1270
廣告專線／(02)22227270．分機 12 邱小姐
部 落 格／http://cottonlife.pixnet.net/blog
Facebook／https://www.facebook.com/cottonlife.club
讀者服務 E-mail／cottonlife.service@gmail.com

■劃撥帳號：50141907　■戶名：飛天出版社
■總經銷／時報文化出版企業股份有限公司
■倉　庫／桃園縣龜山鄉萬壽路二段 351 號

初版／2015 年 4 月
本書如有缺頁、破損、裝訂錯誤，請寄回本公司更換
EAN／471-140464-0094
PRINTED IN TAIWAN

定價／280 元

封面攝影／林宗億
作品／鐘嘉貞

發現拼布新樂趣
俄羅斯藍貓肩背包
貼布縫車縫技巧公開！

只會用手縫藏針縫的方法貼布嗎？其實有不同的貼布縫
方法，本堂機縫課程教你用車縫方式，運用縫紉機上的
功能性花樣，貼縫有滾邊和不需包邊的裁片貼布技巧，
讓你快速完成精細又美觀的貼布縫。

製作示範／龐慧如　編輯／Forig　成品攝影／蕭維剛

完成尺寸／寬 34cm × 高 38cm × 底寬 10cm

難易度／

Materials 紙型 Ⓐ 面

裁布：

表布

上袋身	紙型 a	2 片（ab 車合舖雙面膠棉）
下袋身	紙型 b	2 片（ab 車合舖雙面膠棉）
貓身布	4.5×55cm	6 色各 1 條
貓尾布	11×16cm	2 片（舖薄棉）
魚骨布	11×18cm	1 片（燙奇異襯）
斜邊布	2×75cm	1 條

※貓身、貓尾、魚骨皆有紙型。

裡布

裡袋身	紙型 ab 合併	2 片
內裡口袋	24×45cm	1 片
拉鍊口袋	25×40cm	1 片

其他配件：肩背提把 1 組、16cm 皮飾拉鍊 1 條、奇異襯。

※依紙型留縫份，數字尺寸皆已含縫份。

機縫大重點：

1. 使用雙針壓線的特殊效果，使兩道線的間距平穩漂亮。
2. 貼縫滾邊時使用縫紉機上暗針縫技法，轉角處車縫不易浮布。
3. 貼縫未處理邊的圖案時，使用縫紉機上毛毯邊縫技法，就不易因鬚邊而困擾。

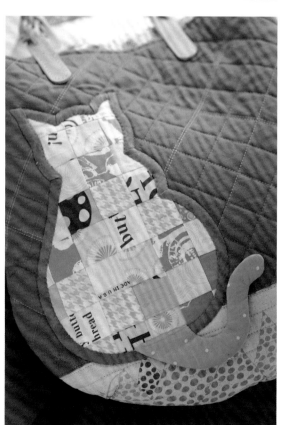

Profile

龐慧如

日本手藝普及協會　手縫指導員
Bernina 機縫專業講師認證
著有《拼布花園　發現拼布新樂趣》

自 1999 年學習拼布至今，作品曾多次刊登於台灣、日本拼布雜誌，並於日本美國拼布展參展，目前開設拼布花園教室，並著有《拼布花園》專業拼布書籍，為日本手縫拼布指導員與機縫拼布講師。

拼布花園

台北市中正區愛國東路 26 號 6 樓
02-23916002
www.patchworkgarden.com.tw
Facebook 搜尋「拼布花園 Patchwork Garden」

8 拼接好的尺寸為19.5×25.5cm 整片燙上奇異襯（薄質），撕去背膠紙稍微整燙。
※ 燙奇異襯時，後方線頭要修剪乾淨。

9 將貓身紙型擺上，並裁剪好。
※ 注意貓身的垂直線和布平行，否則貓裁剪起來會歪歪的。

10 貓身燙貼在前袋身紙型標示位置上。

11 斜邊布用 9mm 專用滾邊器和 5mm 熱雙面接著劑先整燙。

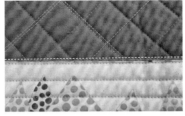

4 下袋身針目 3，間距 1.5cm 壓線，接縫線上下 0.2cm 先壓線固定。

5 車壓好前後袋身，將紙型擺上，畫好縫份後裁剪。

貼縫藍貓

6 取貓身橫布條兩兩車合，縫份往一邊倒。

7 裁切 4.5×7.5cm，依喜好隨意排列，注意縫份倒向，再接縫成寬 6 片，長 8 片的長方型。

雙針壓線

雙針（粗細 80，中間寬度 2.5mm），雙線機台上示意圖。
※ 雙針時不可使用穿針器。

2 上下袋身先車合，縫份燙開，加上舖棉和胚布一起壓線。

3 上袋身壓 3×3cm、45 度角斜正方格，針目 3。

技巧提示：車縫壓線時由中往外壓線。

貼縫魚骨

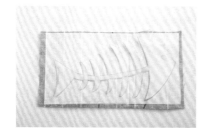

19 取魚骨布燙上奇異襯，依紙型畫好剪下備用。（紙型畫背面）

20 魚骨擺放在後袋身左側，用毛毯邊縫固定。

毛毯邊縫起針時多留一些線頭（藏線頭用），不須回針，幅寬和針目1.2。※尖角要車到一針，凹角也要車到一針，魚骨布才不會翹起。

製作貓尾

15 取貓尾布正面相對，底部舖棉，依紙型畫上貓尾。

16 留上方返口車縫，縫份留0.5cm，返口處縫份留1cm裁剪下來並剪牙口。

技巧提示：彎度小的地方牙口剪密一點。

17 將縫份的舖棉修剪掉，翻正時才不會過厚。

18 翻回正面，返口處縫份內折，弓字縫合。

12 將滾邊背膠撕掉黏貼貓的周圍一圈，用拼布小熨斗邊將滾邊燙平。

13 從尾巴中間處起頭，整燙完成，接縫線就可以被貓尾遮住。

14 轉角處折平順，左右轉角方向一致，再用暗針縫穿透明線，將滾邊兩側壓邊線一圈固定。
※暗針縫幅寬調1.2，針目調0.8，壓布腳裝有開口的。

技巧提示：車縫到尖角時，每個轉角折線都要車到一針，滾邊布才不會浮起。直線車至袋身布，勾的部分車在滾邊條上，尖角、凹角都要勾到。※暗針縫車法走向有直線和勾線。

29 翻回正面,沿袋口壓線 0.7cm 一圈,再縫上肩背提把,即完成。

同樣的技法在《拼布花園》一書 P.14 也有喔!

25 翻到背面,拉鍊口袋對折車縫ㄇ字型固定。

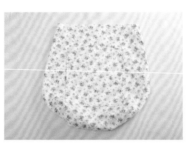

26 裡袋身車縫內口袋、底角,再將前後袋身車合,一側留返口。

27 前後表袋身正面相對車縫,並翻回正面。

28 表裡袋身正面相對套合,袋口處對齊車縫一圈。

🖊 組合袋身

21 後袋身底角處車縫。

22 用藏針縫將貓尾固定在紙型標示位置。底角也車縫固定。
※ 前後袋身打角縫份,左右錯開,縫合時厚度較平均,不會過厚。

23 後袋身袋口中心下 12cm 開拉鍊開口 1×16cm,與拉鍊口袋布正面相對車縫,翻到背面整燙,並沿框壓線一圈。

24 用水溶性雙面膠帶把皮飾拉鍊固定,車縫外框一圈。

春之饗宴
餐具包

難易度
3

洋溢著美麗花朵的餐具收納包，
裡外互搭的粉嫩配色，加上方便收納的口袋隔間，
讓喜歡吃美食的你，也能帶著環保餐具，擁有美味
的好食光。

製作示範／哈草莓荷貓
編輯／Joe
成品攝影／林宗億

完成尺寸
....
寬 27cm
高 10cm
底寬 2cm

Materials

紙型 A 面

字母布 - 藍色碎花（奇異襯）：20×7cm

主布 - 粉紅花朵：

繡字袋身表布（厚襯）	32×15cm
袋身表布（厚襯）	32×15cm →依紙型裁切 1 份
拉鍊表布（厚襯）	37×2.5cm
口袋表布（薄襯）	30×23cm →依紙型裁切 2 份（需相反對稱）
勾環布	5×30cm

配色布 - 灰點點：

側袋身表布（厚襯）	4×33cm

裡布 - 小黃花：

袋身裡布（薄襯）	32×28cm →依紙型裁切 2 份（需相反對稱）
側袋身裡布（薄襯）	33×4cm
拉鍊裡布（薄襯）	37×2.5cm
口袋裡布	28×23cm →依紙型裁切 2 份（需相反對稱）

其它配件：14 吋拉鍊 ×1 件、1.2cmD 環 ×1 件、1.2cm 勾環 ×1 件

※ 以上紙型已含 0.7cm 縫份

PROFILE

李佩陵
Catmint

縫紉是件開心的旅程，從設計作品、選擇配色、製作到完成，每個細節都有不同的巧思與樂趣。工作室位於交通方便的永安市場捷運站，能在輕鬆舒適的環境裡一邊聽著音樂、一邊聊天、一邊踩著縫紉機，依自己的步調玩縫紉，是件多麼幸福的事，我喜歡這樣的生活與上課方式。

著作：《美布無剩！拼布禮物組》、《全家人的幸福室內鞋》、《手作小確幸。禮物組！》、《溫柔手感。機縫室內鞋》、《超圖解。機縫雙面包》合輯。

哈草薄荷貓。手作鋪
http://www.lovecatmint.com/
部落格：
http://lovecatmint.pixnet.net/blog
facebook：
http://www.facebook.com/lovecatmint

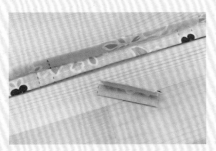

11 勾環布以滾邊器摺燙,再對摺,裁成 5cm 與 25cm。

06 依紙型裁切。

01 將奇異襯燙貼於字母布背面。

12 25cm 布條穿過勾環,將布攤開車縫固定。

07 口袋表布與裡布正面相對,直線邊緣車縫固定。

02 圖形字母描繪於奇異襯上,依邊緣剪下。

13 二側車縫壓合。

08 翻回正面,距摺口 0.2cm 處車縫壓合。

03 撕去背面離形紙。

14 距勾環 1cm 處車縫固定。

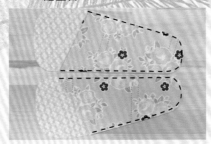

09 對齊袋身裡布,邊緣疏縫固定。

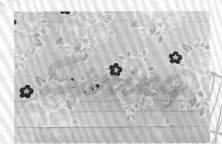

04 將字母燙貼於繡字袋身表布(注意擺放位置需在紙型範圍內)。

15 5cm 勾環布二側車縫壓合。

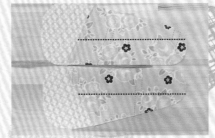

10 向上 5cm 處車縫固定。

05 沿著字母邊緣毛邊縫。(W1.5,L1.0)。

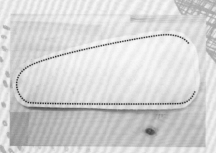

24 袋身裡布正面相對，上步驟返口範圍以外距邊 0.7cm 處車縫。

20 翻回正面，車縫壓合。

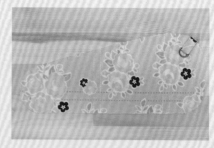

16 穿過 D 環，車縫固定於袋身表布。

25 剪牙口，翻回正面，將返口縫合。

21 另一側作法相同。

17 拉鍊表布與拉鍊正面相對，拉鍊裡布與拉鍊表布夾住拉鍊，車縫固定。

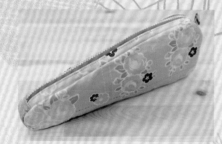

26 另一側作法相同。

22 邊緣疏縫固定，側身布完成。

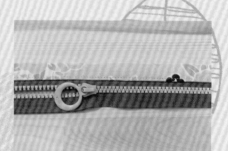

18 翻回正面，拉鍊旁距邊 0.3cm 處車縫壓合。

27 作品完成。

23 側身布對齊袋身表布，返口範圍距邊 0.7cm 處車縫，其餘疏縫。

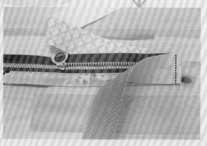

19 與側袋表身正面相對，側袋身裡布與側袋身表布夾住上步驟拉鍊，車縫固定。

花漾貓頭鷹
護照套

難易度
3

貓頭鷹在希臘神話是智慧女神雅典娜的化身，在墨西哥是財富的象徵，在澳洲是女性原住民的守護神，在日本是代表福氣、不老的象徵，在台灣是吉祥的報喜靈鳥。無論身處在哪個國家，每個人都歡迎牠的到來。

製作示範／Boomi
編輯／Forig
成品攝影／詹建華

完成尺寸
••••••••••
寬14cm× 高16cm

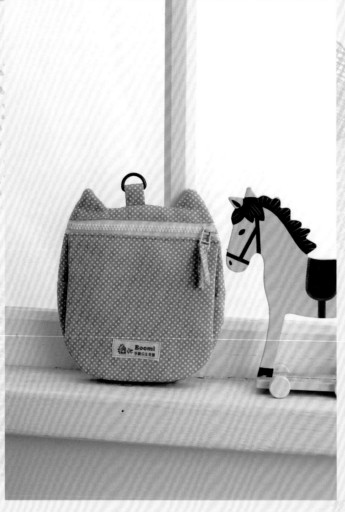

Materials

紙型 A 面

裁布：

身體	紙型	2 片
眼窩	紙型	1 片
眼睛	紙型	2 片
鼻子	紙型	1 片
翅膀	紙型	2 片

（鼻子、翅膀可用不織布製作，不加縫份）

肚子	紙型	1 片
拉鍊上片	紙型	1 片
拉鍊下片	紙型	1 片
下片口袋	紙型	1 片
表裡袋蓋	紙型	2 片
袋蓋夾層 A	紙型	1 片
袋蓋夾層 B	紙型	1 片

※ 以上皆燙不含縫份布襯

其他配件：12.5cm 拉鍊 1 條、磁釦 1 組、D 型環 1 個。

※ 以上紙型未含縫份。

PROFILE

Boomi

曾經是白衣天使，偶然闖進手作的世界裡，從此就愛上繽紛的花布，6 年來總是喜歡自己揣摩及設計。實用與美色兼顧的包款是我的最愛，教學與分享也是 boomi 的一大樂趣！首創客製化教學，經由設計與創作讓學生們都能親手打造出心目中的那一款包。歡迎大家一起來"玩布手作樂"溫暖你的生活！

Boomi 手創公主花園
http://blog.xuite.net/isboomi/twblog

玩布手作樂教室
https://www.facebook.com/boomihandmde.

11 拉鍊上、下片的縫份向內折好，並在正面壓線車上拉鍊。背面的縫份包邊處理。

組合袋身

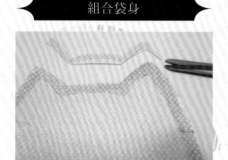

12 身體裡布因為車上拉鍊的關係尺寸會跑掉，要再以紙型定規一次，將多餘的部分修剪掉。

13 身體表布鋪上棉。

14 並與身體裡布正面相對，依記號線車縫並留返口。

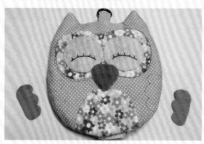

15 翻回正面，返口縫合，並縫上一對翅膀即完成。

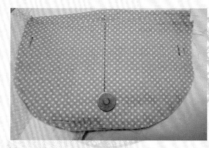

06 將夾層布 B 疊上 A 對齊，中心線車縫一道固定。

07 取裡袋蓋，與夾層布下方對齊並疏縫。

08 表袋蓋先依喜好車縫上布標，再與裡袋蓋對齊車縫。

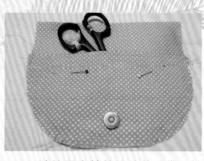

09 疏縫固定拉鍊下片的口袋，並在相對位置裝上母釦。

10 將拉鍊下片和袋蓋的上方對齊，車縫固定。

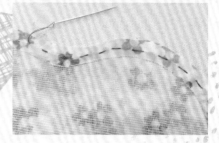

01 以貼布縫方式製作貓頭鷹臉部，將眼窩、眼睛、腹部等部分的花布縫份縮縫並整燙。

02 整燙縫份時可用膠板輔助。眼凹處剪牙口，整燙時較服貼。

03 貼縫順序為：眼窩－眼睛－鼻子－腹部（翅膀部分暫緩）。

04 依圖示將五官藏針縫固定在身體上，車縫壓線亦可。

製作夾層內袋

05 將夾層 AB 兩塊布的 2cm 縫份處往內折 2 次，在正面壓線固定。夾層 B 裝上磁釦公釦。

花編新紋
韋億興業有限公司

花編新紋
流行配件・開發生產

韋億興業有限公司
WELL YEAR ENTERPRISES Co.,Ltd.
民樂分店(02)2558-0794 傳真(02)2556-3778

韋億興業有限公司 創于 1987 年，至今已有數十年的材料生產經驗。

產品項目包括各式花邊、織帶、鈕釦、拉鍊、商標、五金扣飾、鑽石配件等等，近年又積極開發婚紗花邊、花片、蕾絲、拼布手作娃娃等系列花邊織帶。

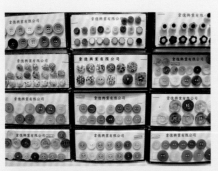
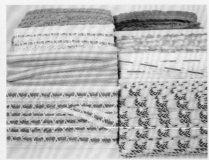

店面特色：

一進店面就會被各式色彩繽紛、圖樣多變的彩釦吸引目光，用雷射處理過的釦子特別又具獨特性，還有各種材質的造型釦，總類豐富。

除了各種婚紗用的黑白蕾絲，也有手工繪製色彩的蕾絲，或是緞帶與編織組合的蕾絲、荷葉邊、金蔥繡織帶等，滿足你創作時所需的材料選擇，激發出更多創意作品。

店家為了鼓勵學者創作，在粉絲團分享發表作品，還可以免費獲得現金折價卷，是不是一舉兩得呢？

營業時間：週一～週六9:00~19:00

TEL：02-25587887
店址：台北市大同區延平北路二段60巷19號
TEL：02-25580794
店址：台北市大同區延平北路二段36巷20號

Email：well.year@msa.hinet.net
網站：http://www.pcstore.com.tw/wellyear168
FB粉絲團：搜尋「韋億興業有限公司」

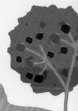

Parent-child
親子郊遊包

設計出一對同中求異的親子包，
感受成雙成對的親暱幸福感。

指揮艇組合後背包

可拆可組的神奇後背包，讓媽咪和寶貝一起配對開心出門。當孩子玩耍不便背著時，就俐落地將小包與大包組合起來，媽咪不用多拎一件，更加自在愉快。

示範／古依立　編輯／Vivi　攝影／蕭維剛

完成尺寸／（A包）高 39cm× 長 40cm× 厚 18cm
　　　　　（B包）高 33cm× 長 35cm× 厚 15cm

難易度／

Profile　依維手作縫紉館　古依立

就是喜歡！就是愛亂搞怪！雖然不是相關科系畢業，一路從無師自通的手縫拼布到台灣喜佳的才藝副店長，就是憑著這股玩樂的思維，非常認真的玩了將近 20 年的光景，也終於在 2011 年 11 月 11 日與羚維老師成立了「依維手作縫紉館」。合著有：《機縫製造！型男專用手作包》

新竹市東區新莊街 40 號 1 樓　（03）666-3739　部落格：http://ews6663739.pixnet.net/blog

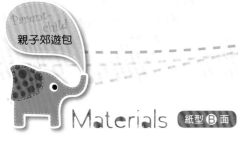

親子郊遊包

Materials 紙型 Ⓑ 面

用布量：雙面布 6尺、裡布5尺（A包為母包 / B包為子包 布料共用）、皮革布些許

裁布：（以下紙型及尺寸皆已含0.7cm縫份，此次示範裡布為尼龍布不需燙襯，若為棉布則燙洋裁襯）

A 包

雙面布料（素面）：

F1 前袋身	依紙型	1 片（厚布襯）
F2 前口袋表布（印花）	依紙型	1 片（厚布襯）
F2-1 前口袋裡布	依紙型	1 片
F3 拉鍊口布（前）	依紙型	1 片（厚布襯）
F4 拉鍊口布（後）	依紙型	1 片（厚布襯）
F5 側身	依紙型正／反	各 1 片（厚布襯）
F6 側身口袋表布	依紙型正／反	各 1 片
F6-1 側身口袋裡布（印花）	依紙型正／反	各 1 片
F7 袋底	依紙型	1 片（厚布襯）
F8 後袋身	依紙型	1 片（厚布襯）
F9 背帶布	依紙型正／反	各 2 片（洋裁襯）、雙膠棉不含縫份 2 片

皮革布：

F10 裝飾布	4cm×7cm	2 片

裡布：

B1 前袋身	依紙型	1 片
B2 拉鍊口布（前）	依紙型	1 片
B3 拉鍊口布（後）	依紙型	1 片
B4 側身底部	依紙型	1 片
B5 後袋身	依紙型	1 片
B6 15cm 拉鍊口袋表布	20cm×33.5cm	1 片
B7 15cm 拉鍊口袋裡布	20cm×32cm	1 片
B8 15cm 拉鍊口袋上擋布	20cm×5cm	1 片

B 包

雙面布料（印花）：

F11 前袋身	依紙型	1 片（厚布襯）
F12 前口袋表布（素面）	依紙型	1 片（厚布襯）
F12-1 前口袋裡布	依紙型	1 片
F13 袋蓋	依紙型	2 片（厚布襯不含縫份 2 片）
F14 後袋身	依紙型	1 片（厚布襯）
F15 背帶布	依紙型正／反	各 2 片（洋裁襯）、雙膠棉不含縫份 2 片

裡布：

B9 前袋身	依紙型	1 片
B10 後袋身	依紙型	1 片
B11 15cm 拉鍊口袋表布	20cm×30cm	1 片
B12 15cm 拉鍊口袋裡布	20cm×27cm	1 片
B13 15cm 拉鍊口袋上擋布	20cm×4cm	1 片

A包其他配件：20吋開口拉鍊（約50.8cm）拉鍊3條、6吋（15cm）拉鍊2條、3.8cm織帶7尺（15cm×2+60cm×2+32cm×1+30cm×1）、3.8cm日型環2個、3.8cm口型環2個、10mm雞眼釦4組、彩色束繩3尺（30cm×2+20cm×1）、束繩釦3個、21mm雞眼釦2組、2cm人字帶16尺（100cm×2+115cm×1+150cm×1）、皮標1片、6×6彩色鉚釘7顆、雙膠棉

B包其他配件：15cm拉鍊2條、2.5cm織帶6尺（10cm×2+50cm×2+25cm×1+20cm×1）、2.5cm日型環2個、2.5cm口型環2個、10mm雞眼釦10組、彩色束繩50cm1條、束繩釦1個、2cm人字帶10尺（80cm×2+115cm×1）、皮標1片、6×6彩色鉚釘7顆、雙膠棉

‖ 取 2 條 20 吋開口拉鍊的一側，背面與 F1 前袋身中心點及布邊對齊車縫固定。

A 包・拉鍊口布製作

12 F3 拉鍊口布（前）與 B2 正面相對夾車 20 吋拉鍊。

13 縫份剪牙口翻回正面整燙（尼龍布不可燙），壓線 0.2cm。

14 F4 拉鍊口布（後）先依反折線整燙。

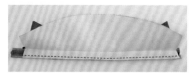

15 再與 B3 拉鍊口布（後）正面相對夾車 20 吋拉鍊。

↓反折線

16 翻回正面 F4 依反折線進2.5cm 壓線。

6 車縫兩側脇邊。

7 由 F2-1 返口處翻回正面整燙。

8 拉鍊上方壓線 0.2cm。

9 ⊓形固定於 F1 前袋身袋口下10cm，依圖示壓線 0.2cm。打上 3 顆 6×6 鉚釘。

10 與 B1 前袋身裡布背面相對四周疏縫一圈。依紙型位置打上皮標。

A 包・前袋身及前口袋製作方法

1 將 F2 前口袋表布與 F2-1 前口袋裡布正面相對夾車 15cm 拉鍊。

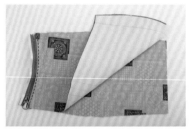

2 縫份剪牙口後，翻回正面壓線0.2cm。

3 F2 另一側車縫拉鍊另一側，縫份剪牙口。

4 F2-1 裡布反折與拉鍊對齊。

5 袋底依山 / 谷記號線折好。

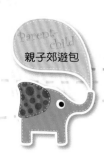

26 F6 袋底依 F5 底部記號線對齊車縫 0.2cm。

27 F6 袋口依 F5 紙型記號線對齊疏縫兩側，完成另一側口袋。

28 F5 側身二片與 F7 袋底兩側車縫固定。縫份倒向 F7 壓線 0.5cm。

29 將完成的側身與 B4 側身底部，正面相對夾車已完成的拉鍊口布二側。

22 兩側袋底打角預留 0.7cm 不車，完成 F6 及 F6-1 各 2 片。

23 F6 與 F6-1 正面相對分別車縫袋口及袋底。

24 由脇邊翻回正面整燙。

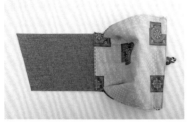

25 袋口壓線 0.2cm，取 30cm 彩色束繩套入束繩釦再穿入兩側 10mm 雞眼釦。袋口下 2cm 車縫固定線。

17 取 30cm 長的 3.8cm 織帶，由中心往兩端各 8cm，兩側反折對齊中心線車縫固定線。

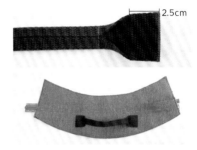

18 將兩端反折 2.5cm，車縫於 F4 指定位置(記得不要車到裡布)。口布疏縫一圈。

19 將 4cm×7cm 皮革布於 7cm 處背面對折打上 21mm 雞眼釦。

20 車縫於拉鍊口布兩端中心點。取 30cm 彩色束繩套入拉鍊頭及束繩釦打結。

🦋 A 包・側身及口袋製作

21 F6 側身口袋表布依紙型位置打上 10mm 雞眼釦，完成 2 片。

⚑ A 包・後袋身接合方法

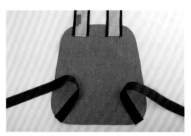

40 完成背帶布 (背面朝上) 及 2 條 50cm 長的 3.8cm 織帶，車縫於 F8 後袋身紙型位置。

41 取 32cm 長的 3.8cm 織帶，依 F8 後袋身紙型位置覆蓋背帶布車縫固定。

42 3.8cm 織帶套入日型環再穿入口型環完成車縫。

43 與 B5 後袋身背面相對疏縫一圈。將完成的 15cm 拉鍊口袋固定於袋身中心。

36 翻回正面壓線 0.2cm。B8 拉鍊口袋上擋布與拉鍊另一側正面相對車縫 0.7cm，翻回正面。

37 將 B6 正面反折與 B8 布邊對齊。

38 B7 正面反折與拉鍊上端布邊對齊，車縫兩側脇邊。

39 由袋口處翻回正面。於 B8 拉鍊處壓線 0.2cm。

30 翻回正面壓線 0.5cm。兩側先行疏縫。

⚑ A 包・背帶製作方法

31 F9 背帶布正 / 反兩片中間夾燙雙膠棉，共 2 片。

32 取 2cm 人字帶對折燙包覆 U 型布邊壓線 0.7cm。

33 取 15cm 長的 3.8cm 織帶一側反折 2.5cm。套入口型環織帶另一側再反折布邊對齊。

34 置於背帶布進 4.5cm 處車縫固定線，完成另一條。

⚑ A 包・15cm 拉鍊口袋製作方法

35 B6 拉鍊口袋表布與 B7 拉鍊口袋裡布，正面相對夾車 15cm 拉鍊。

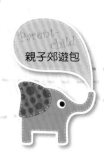

52 兩片正面相對車縫底部，弧度處剪牙口。

53 翻回正面整燙壓線 0.5cm，袋口下 9cm 打上皮標。

B 包・背帶製作方法

54 F15 背帶布 (2.5cm 織帶 10cm 2 條) 作法同 A 包步驟。置於背帶布進 3.5cm 處車縫固定線，並完成另一條。

B 包・15cm 拉鍊口袋 製作方法

55 B11~B13 拉鍊口袋作法同 A 包步驟。

48 翻回正面壓線 0.5cm，再依紙型位置打上 10mm 雞眼釦。

49 同 A 包側口袋作法，穿入彩色束繩及擋釦，並將三周疏縫固定。

9.5cm

50 F12 及 F12-1 前口袋作法同 A 包步驟完成後，固定於前袋身袋口下 9.5cm。

B 包・前蓋製作方法

51 F13 袋蓋 2 片分別車縫褶子，縫份倒向錯開。

A 包・組合

44 後袋身與拉鍊口布中心點及布邊對齊車縫一圈。

45 2cm 人字帶對折包覆布邊車縫固定。前袋身接合方式同此。

B 包・前袋身及前口袋 製作方法

46 F11 與 B9 各自車縫褶子，縫份倒向錯開。

47 F11 與 B9 正面相對車縫袋口 0.7cm。

可以拉鍊輕鬆組合或拆開親子包。

60 再取 2 條 20 吋開口拉鍊另一側中心點及布邊對齊車縫固定。

✈ B 包 · 組合

61 袋蓋與後袋身正面相對，上方中心點及布邊對齊車縫固定。

62 前袋身與後袋身正面相對，底部中心點及布邊對齊車縫固定。2cm 人字帶對折包覆布邊車縫固定。

63 完成。

✈ B 包 · 後袋身接合方法

56 先取一段 20cm 的 2.5cm 織帶對折，置於 F14 後袋身袋口下 4cm 處中心點對齊，將完成的背帶布背面朝上置於二側。2 條 40cm 的 2.5cm 織帶依紙型位置疏縫固定。

57 取 25cm 的 2.5cm 織帶置於袋口下 2cm 處車縫上 / 下 0.2cm。

58 2.5cm 織帶套入日型環再穿入口型環完成車縫。

59 與 B10 後袋身背面相對疏縫一圈。將完成的 15cm 拉鍊口袋固定於 B10 袋身中心。

幸福的
清甜時光

粉嫩的色彩有一種幸福的清甜滋味。和孩子一
同揹上親子包出遊，比親子裝還要有共存的依
賴和親暱感，彷彿周遭瀰漫著幸福氛圍將兩人
緊緊包圍，輕柔的相視微笑，融化所有人的心。

製作示範／Bella　編輯／Forig　成品攝影／林宗億
完成尺寸／（母包）寬 35cm× 高 35cm× 底寬 16cm

（子包）寬 20cm× 高 25cm× 底寬 10cm

難易度／

Materials 紙型Ⓐ面

裁布：（母包）

上袋身	30×35cm	1 片
下袋身	78×35cm	1 片
側袋身	依紙型	2 片
側口袋	25×16cm	2 片
口袋包邊布	4×16cm	2 片
表裡袋蓋	40×35cm	2 片（可貼襯）
內裡口袋	50×25cm	1 片
三角背帶布	16×16cm	2 片（斜角對裁）
拉鍊擋布	3×4cm	2 片

其他配件：35cm 拉鍊 1 條、2.5cm 織帶 3 碼、3.8cm D 型環 4 個、皮革提耳（自裁 25×2cm）、皮革裝飾釦帶 1 組、布標 1 個。

裁布：（子包）

袋身	30×60cm	1 片
表裡袋蓋	17×20cm	2 片
鬆緊帶布	8×60cm	1 片
三角背帶布	12×12cm	1 片（斜角對裁）

其他配件：滾邊條 2 碼、1.5cm 鬆緊帶長 55cm、2.5cm 織帶 2 碼、3.8cm D 型環 4 個、皮革提耳（自裁 20×2cm）、皮革裝飾釦帶 1 組、布標 1 個。

※以上紙型不含縫份、數字尺寸已含縫份。

Profile

Bella

2009 年開始接觸布作，喜歡製作美麗又剪單的包款，從手作中找到沉澱心靈的力量。

著有：手作的時間、設計師的布包美學提案

quoi quoi。布知道

工作室：淡水區民族路 50 巷 2 弄 8 號
　　　　02-28097712
　　　　（營業時間不固定，請先來電預約）

部落格 http://lisabella.pixnet.net/blog
臉書粉絲專頁 https://www.facebook.com/
　　　　bellaszakka

How To Make

製作母包

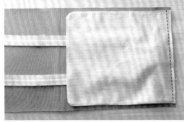

9 袋蓋與下袋身上方中心對齊，車縫一道固定。

5 燙好口袋包邊條，並在側口袋上方車縫固定。

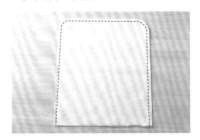

1 取表裡袋蓋正面相對車縫 U 字型，弧度處剪牙口。

10 取內裡口袋上下內折 1cm 包邊車縫固定。

6 側口袋與側身對齊疏縫固定兩側，再修齊口袋下方的弧度。

2 翻回正面後壓線固定。布標在兩片接合前可先車縫。

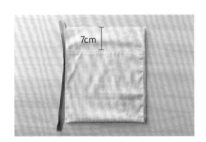

11 口袋對折，與上方距離 7cm，疏縫兩側固定，再車縫 1cm 滾邊條包邊。

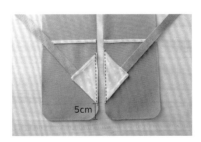

7 側身由下往上 5cm 處將三角背帶對齊車縫固定，如圖示位置擺放完成兩側身。

3 剪 2.5cm 織帶長 50cm 兩條，織帶離三角背帶布直角進來 1.5cm 處夾車。

12 將內裡口袋與下袋身背面上方中心對齊車縫一道。

8 下袋身中心左右各 2cm 處車縫皮革提耳，再離提耳兩旁 1cm 處車縫 3.8cm 織帶，一條長 65cm。

4 尖角處縫份剪掉，翻回正面整燙後壓線 0.1cm、0.5cm 兩道。

21 側身縫份用滾邊條包車兩圈固定，並翻回正面。

17 下袋身對折與另一邊的拉鍊車合。

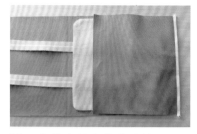

13 上袋身疊上袋蓋疏縫一道，再將縫份包邊車縫固定。

22 背帶套入 2 個 D 型環包邊車縫，細織帶也包邊車縫固定。

18 將拉鍊兩邊縫份用滾邊條包邊處理。

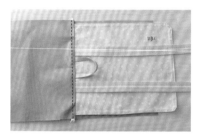

14 滾邊往下倒，並翻回正面壓線 0.2cm。

23 依圖示在 2 個 D 型環內套入細織帶。

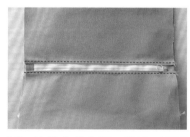

19 滾邊往袋身倒，翻回正面壓線固定。

15 將擋布對折，車縫兩道固定在拉鍊頭尾端處。

24 袋身釘上皮革裝飾釦帶，即完成。

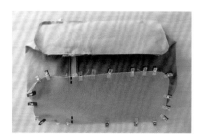

20 依紙型側身記號點，右側對拉鍊中間點，左側對袋蓋與袋身完成線，車合側身。

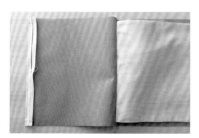

16 上袋身另一側車縫拉鍊。

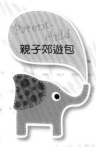
製作子包

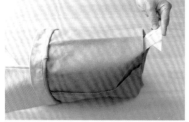

11 車縫底角時將三角背帶依圖示置入,一起對齊車縫固定。

12 兩側底角再包滾邊車縫。

13 取 55cm 鬆緊帶用穿帶器穿入鬆緊帶口一圈。

14 拉出自己所需的開口大小,剪掉多餘的鬆緊帶並車縫固定。

15 織帶同母包穿法,並釘上皮革裝飾釦帶,即完成。

6 袋蓋中心對齊疊上袋身並疏縫固定。鬆緊帶布套入袋身開口處,對齊車縫一圈。

7 縫份包邊處理一圈。

8 滾邊縫份倒下,翻回正面壓線一圈固定。

9 翻到背面,袋身下方車縫一道。

10 袋底左右完成線上畫 5×5cm 正方,留縫份剪掉,袋底包滾邊車縫。

1 同母包袋蓋作法車縫完成。

2 袋身長邊對折車縫一道,縫份燙開。(若不做裡袋身,縫份包邊處理亦可)

返口

3 鬆緊帶布長邊對折車縫,留一段返口。翻回正面短邊再對折。

4 三角背帶布夾車 2.5cm 織帶長 45cm,同母包作法完成兩條。

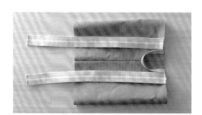

5 袋身中心線左右各 2cm 處車縫 20cm 皮提耳,3.8cm 織帶長 48cm,靠著提耳邊車縫固定。

幾何時尚隨行包

黑白紅灰的絕色搭配,在普普風的布花襯托下,呈現出幾何時尚的簡約風格,不論是看展、逛街、郊遊都適合攜帶!

製作示範╱葉慈慧　編輯╱Joe　成品攝影╱詹建華

完成尺寸╱大包 寬39cm× 高39cm× 底寬 13cm

小包 寬20cm× 高20cm× 底寬 7.5cm

難易度╱

Materials 紙型 Ⓐ 面

小隨行包

表袋身上片 A	依紙型	2
表袋身下片 B（燙厚布襯）	依紙型	2
外口袋裡布	15×15cm	2
裡袋身上片 A	依紙型	2
裡袋身下片 B	依紙型	2

其它配件：寬 2cm 織帶、扣環組、造型布標、皮磁釦組。

大隨行包

表袋身上片 A	依紙型	2
表袋身下片 B	依紙型	2
外口袋裡布	20×16cm	2
裡袋身上片 A	依紙型	2
裡袋身下片 B	依紙型	2

其它配件：造型布標、皮磁釦組、提把。

※ 以上紙型須另加 1cm 縫份。

Profile

葉慈慧

在手作的世界裡，
任性恣意地玩耍了 20 餘年，
至今依然樂此不疲，
並沉醉於這樣的手作生活。

布坊拼布教室

新竹市勝利路 149 號 TEL：03-5258183
部落格：http://blog.xuite.net/cottonhouse
e-mail：cottonhouse183@yahoo.com.tw

8 後表袋身下片打角車縫，同上一步驟作法與上片車合。

9 縫份倒上，使用骨筆壓平表布相接的地方，維持美觀。

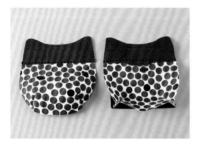

10 前後袋身在上片壓一道裝飾線固定。

11 在前表袋身上片車上造型布標。

4 翻到正面，沿 U 字型口袋壓兩道裝飾線。

5 翻到背面，取另一片外口袋對齊，抓起車縫凵字型，不要車到袋身。

6 將表外口袋底部打角車縫。

7 取表袋身上片與袋身下片正面相對，車縫一道。

製作小隨行包

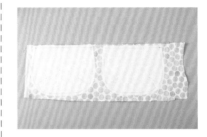

1 依紙型在厚布襯畫出袋身，並於瓢蟲圖案布背面燙上襯後，裁剪下來。

2 將表袋身下片與裡外口袋正面相對，沿著口袋畫線處車合。

3 如圖留縫份剪出口袋形狀，並於弧口轉彎處剪牙口。

19 將表裡袋身對齊套合，車縫袋口一圈。

20 仕袋身的袋口弧度處剪牙口。

21 從返口翻回正面，縫合返口。

16 裡前後袋身正面相對車合，記得於下方記號處留返口。

17 將織帶穿過扣環組，一端內折兩次後車縫。

18 將織帶車縫在袋口左右兩端。

12 將前後袋身正面相對，車縫U字型固定。

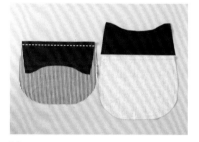

13 將裡前後袋身上下片車合，完成兩片。

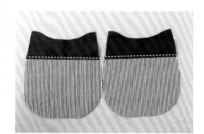

14 翻至正面，縫份倒上燙平，在上片壓一道裝飾線。

15 將裡前後袋身底部打角車縫。

❧ 製作大隨行包

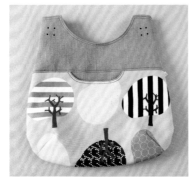

25 如上述步驟完成大隨行包的袋身。在背帶部分，如圖在袋身表布上片作記號。

26 於步驟 25 的記號處裝上提把扣環。

27 將織帶提把穿過皮扣環。

28 即完成大隨行包。

22 將織帶如圖示穿過扣環組，車縫完成活動織帶結構。

23 在袋身裡布上片相對位置安裝上皮磁釦。

24 完成小隨行包。

桃紅柳綠手提包

藝術感十足的貓頭鷹藏匿在排列規律的葉片裡，調配出和諧的設計感，桃紅柳綠的色彩呼應春日景緻，讓妳出遊時的心境不分季節，都能猶如春季般神清氣爽，美好的迎接戶外舒適的暖陽。

製作示範／鍾嘉貞　編輯／Forig　成品攝影／詹建華
完成尺寸／（母包）寬 32cm× 高 21cm× 底寬 14cm
　　　　　（子包）寬 18cm× 高 24cm× 底寬 14cm
難易度／

Materials 紙型 D 面

（母包）用布量：主題布 3 尺、素色布 3 尺、厚布襯 3 尺、薄布襯 3 尺。

裁布：

主題布

表袋身	依紙型	4 片（左右各 2，燙厚襯）
左前袋布（小）	依紙型	1 片（不貼襯）
內裡口袋布（外）	21×31cm	2 片（不貼襯）
拉鍊夾片	2.5×3.5cm	4 片（不貼襯）
裝飾釦絆	依紙型	4 片（燙薄襯）

素色布

裡袋身	依紙型	4 片（左右各 2，燙薄襯）
左前袋布（大）	依紙型	1 片（燙厚襯）
內裡口袋布（內）	21×30.5cm	2 片（不貼襯）
提把布	8.5×50cm	2 片（不貼襯）
口袋滾邊布	4×23cm	1 片（不貼襯）

其他配件：16cm 拉鍊 2 條、3cm 織帶 3 尺、3cm 口型環 4 個、8mm 鉚釘 12 組、小磁釦 1 組。

（子包）用布量：主題布 2 尺、素色布 3 尺、厚布襯 1 尺、薄布襯少許。

裁布：

主題布

表袋身	50×19cm	2 片（不貼襯）
裝飾釦絆	依紙型	4 片（燙薄襯）

素色布

裡袋身	50×19cm	2 片（不貼襯）
提把布	7.5×45cm	2 片（不貼襯）
前上裝飾片	依紙型	4 片（燙厚襯）
裡袋底	依紙型	1 片（燙厚襯）
表袋底	依紙型	1 片（燙可縫式底板）

其他配件：2.5cm 織帶 3 尺、3cm 口型環 4 個、8mm 鉚釘 16 組、小磁釦 1 組、裝飾釦 2 顆、可縫式底板 1 包。

※以上紙型未含縫份、數字尺寸已含縫份。

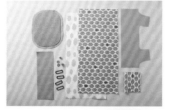

Profile

鍾嘉貞

一個熱愛縫紉手作的人，喜歡手作自由自在的感覺，
在美麗的布品中呈現作品的靈魂讓人倍感開心。
現任飛翔手作縫紉館才藝老師。

飛翔手作有限公司

http://sewingfh0623.pixnet.net/blog
新北市三重區過圳街七巷 32 號（菜寮捷運站一號出口正後方）
02-2989-9967

How To Make

⤳ 製作裝飾鈕絆和提把

9 取裝飾鈕絆兩兩正面相對車縫圓弧處。

10 先在相對位置釘上磁釦，修剪縫份後翻回正面壓臨邊線。

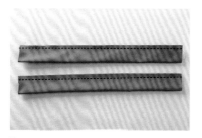

11 取提把布對折，車縫 0.7cm，完成兩條。

12 運用反裡針翻回正面，剪兩段 40cm 長的織帶穿入提把布內，頭尾端各留 5cm 反折份，左右壓 0.5cm 裝飾線固定。

5 翻回正面，縫份倒右整燙，正面車壓 0.5cm 裝飾線固定。

6 後表袋身左右片同前表袋身接合並壓線。

7 前後袋身正面相對，依圖示車合脇邊線，並打牙口。

8 將縫份燙開，在正面完成線左右各壓 0.5cm 裝飾線固定。

⤳ （母包）製作表袋身

1 取左前袋布（小）與修好弧度的左袋身布背面相對，在弧度處疏縫 0.5cm，並車縫滾邊。

2 取左前袋布（大），與滾邊好的袋身對齊擺上，翻開後再將左前袋布（小）的上下車縫。

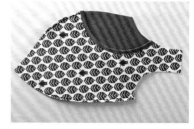

3 將表袋身蓋合，兩側一起疏縫固定。

4 取右表袋身正面相對，接合中心線。

21 按照紙型位置在肩膀處套入3cm口型環，反折後用鉚釘固定，提把再套入口型環，一樣反折打上鉚釘。藏針縫合返口，即完成。

✄ （子包）製作袋身

1 表布袋底貼上可車縫式底板（不含縫份）。

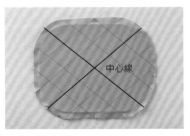

中心線

2 找出中心線，畫出菱格紋並車縫裝飾線。

3 取前上裝飾片，兩兩正面相對，車縫兩側並將縫份燙開。

返口

17 車好的前後裡袋身正面相對，依圖示車合脇邊線，留一段返口並打牙口，縫份燙開。

✄ 組合袋身

18 裝飾釦絆與前後表袋身中心對齊，車縫0.5cm固定。

19 表裡袋身正面相對套合，袋身上方對齊好後車縫一圈，角度處修剪縫份，弧度處打牙口。

20 從返口翻回正面並整燙好。

✄ 製作裡袋身

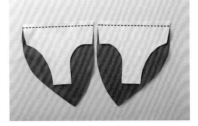

13 取裡袋身上下片正面相對車合。

14 翻回正面縫份倒下，壓臨邊線固定。

15 取拉鍊夾片夾車拉鍊頭尾端。內裡口袋布夾車拉鍊並在正面壓線，完成拉鍊兩邊。擺放在裡袋身左片上，兩側疏縫固定。
※ 拉鍊口袋車縫在前後裡袋身時，口袋位置左右錯開。

16 將拉鍊口袋多出部分修齊，與裡袋身右片正面相對，車合中心線並打牙口。

12 角度處修剪縫份，弧度處打牙口。

8 織帶剪兩段 35cm 長，提把製作方法同（母包）。

4 取表裡袋身，從脇邊處左右各2.5cm 畫上記號，記號內為抽細摺部份。將針距放至最大，在 0.5cm 和 0.7cm 處各車一道，頭尾留 10cm 線頭，表裡袋身上下均同作法。

13 表裡袋底抓起，車縫一小段固定。

9 裝飾釦絆製作方法同（母包）。

5 袋身上方抽細摺，拉底線直到和前上裝飾片等長為止；袋身下方拉至和袋底等長，再將前後袋身正面相對車縫兩側。

14 翻回正面，整燙後壓線一圈固定，並在裝飾片中心縫上釦子。

10 裡袋身與表袋身作法相同，側邊留返口。

6 前上裝飾片與袋身上方正面相對，車縫一圈固定。

組合袋身

15 裝上提把，製作方法同（母包），即完成。

11 表裡袋身正面相對套合，袋身上方對齊好後車縫一圈。

7 袋底與袋身下方正面相對，車縫一圈並剪牙口。

鳥語花香
空氣包

造型可愛、防潑水且設計輕巧，
充滿了春天粉嫩色彩的親子空氣包，
是最適合母女倆一同出遊時的絕佳搭配！

製作示範／Peggy　編輯／Joe　成品攝影／詹建華
完成尺寸／大包 寬 25cm× 高 20cm× 底寬 18cm
　　　　　小包 寬 21cm× 高 17cm× 底寬 13cm
難易度／

Materials 紙型 Ⓐ 面

大空氣包

主袋身防水布：

主表布	依紙型	2
側表布	依紙型	2
拉鍊布	6×27cm	4
拉鍊檔布	6×10cm	2
提把	10×55cm	2

裡袋身：

主裡布	依紙型	2
側裡布	依紙型	2
口袋	依紙型	2

其它配件：長 25cm 拉鍊、12mm 四合扣 2 組、棉花。

小空氣包（依大空氣包紙型縮小 **85%**）

其它配件：10×32cm 提把 2 條、8×6 固定扣 4 組、 長 20cm 拉鍊、4×22cm 拉鍊布 4 片、6×120cm 揹帶。

Profile

Peggy

有天看著 7 彩的不織布，也許是感受到這 7 彩光散發著幸福溫暖，讓我不由得拿起針線，一針一線縫製滿屋溫暖芳香的彩虹屋。而在部落格創立了 Peggy's 彩虹屋手作坊，開啟手作之窗，一圓手作之夢。

臉書粉絲專頁：Peggy's 彩虹屋手作坊

10 裡布小鳥口袋布正面相對、車縫一圈並於底部留返口。

11 翻回正面,上緣袋口車裝飾線,下方返口縫份往內折入。

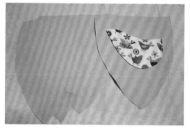

12 將口袋車縫於裡袋身上。

13 主裡布與側裡布同表布做法接縫完成,需於一側留返口。

14 拉鍊布與拉鍊夾車。

5 將主表布與側表布正面相對並車縫固定。

6 兩組表布相接縫。

7 底部呈交叉狀的袋身。

8 用骨筆將縫份攤開壓平。

9 翻回正面。

製作大空氣包

1 取 10×55cm 提把布 2 條,側邊各折入 0.5cm 縫份,對折後車縫一道。

2 塞入棉花。

3 提把完成。

4 將提把依紙型標示位置車在 2 片主表布上。

✈ 製作小空氣包

25 小空氣包依紙型縮小 85%，袋身皆與大空氣包作法同。揹帶布兩側折入 1cm 縫份再對折於表面車縫二道，穿入日形環以固定扣固定。

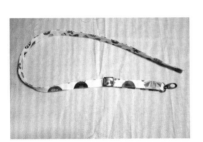

26 穿入問號勾後再穿入日形環。

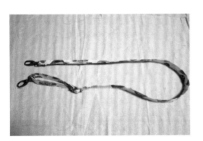

27 另一端穿上問號勾以固定扣固定。

28 於側邊上緣中心處折入並與提把吊耳皮片以固定扣固定。即完成！

20 裝上拉鍊頭及下齒。

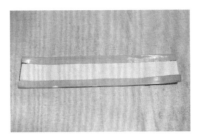

21 將拉鍊檔布側邊縫份折入 1cm。

22 與拉鍊尾巴夾車。

23 翻回正面壓線。

24 在拉鍊檔布釘上四合扣母扣。

15 側邊縫份 0.5cm 往內折，翻回正面壓線完成。

16 將拉鍊布疏縫於表布上。

17 依紙型記號在側表布釘上四合扣的子扣。

18 將表袋身與裡袋身正面相對後套合，並於袋口車一圈。

19 於返口處翻回正面，袋口壓線一圈。

臺灣喜佳第15屆 國際縫紉藝術生活展

縫紉分享派

15th International Sewing Show

臺灣年度縫紉最大派對

臺灣喜佳股份有限公司

台北場 4/15▸4/26
新光三越台北信義新天地
A8館7樓 活動會館

高雄場 4/29▸5/10
新光三越高雄左營店
10樓 國際活動展演中心

台中場 5/13▸5/24
新光三越台中中港店
10樓 特賣會場

2015 Sewing Show
口味豐富～
盡情享受！

拼布千層派

縫紉展演分享區

縫紉夢工坊 brother

幸福手作專賣店

SNC 玩手作夢想派

縫紉簡餐區 NCC

NCC手作派

奧寶奇派

精品縫紉專賣店

縫紉總匯派

職人和菓子

特惠機型【縫紉新手入門款】 限量 50台

原價9,900元 特價4,380元

brother
XL-2230藍色精靈

購機即贈
• 機縫拼布本科班
初級課程免費教學一套
（市價2,000）
• NCC車縫專用線6入
（市價240元）

【縫紉新手推薦款】 限量 50台

NCC
CC-9908 Cherry櫻桃機

原價7,380元
特價3,980元

贈送縫紉e化教學配備
• 縫紉機使用光碟（市價150）
• DIY材料包教學光碟（市價150）
• DIY材料包-縮口包（市價180）
• NCC車縫專用線6入（市價240元）

現場體驗活動

brother ScanNCut
掃圖裁藝機CM550DX

兒童紙趣手作-變身面具
讓親子一起享受創作的樂趣，
共同度過美好的假期時光！
皇冠面具或蝙蝠俠面具
體驗價39元（原價49元）

縫紉DIY體驗 請現場預約報名

棉花糖提袋
50分鐘
原價240
特價168/個

方塊甜心面紙套
40分鐘
原價50
特價39/個

刺繡DIY體驗

刺繡縮口背包
50分鐘
原價330
特價260/個

無染方巾刺繡
40分鐘
原價190
特價149/個

喜佳APP訊息

敬請期待生活展最新活動及優惠訊息！
掃描QRcode或至
PLAY商店
App Store
下載即可加入！

請掃描我！

會員招募特別活動

喜佳擴大會員招募活動，凡於活動現場購物滿500元即可申辦喜佳縫紉精品VIP卡或Simple Sewing縫紉館會員卡一張，持卡於各店櫃購買週邊商品可享9折優惠。
每人僅能一次申辦一張卡別，限18歲以上本人申請。

臺灣喜佳股份有限公司 http://www.cces.com.tw 客服專線：0800-050855

日本 MIKIONO 小野美紀 黏土師資班 招生囉！

此次課程為小野美紀老師授權在台開辦的黏土講師課程，凡是有興趣推廣此課程的朋友，歡迎來電或 MAIL 報名，名額有限額滿為止。

課程說明：本套課程作品共 9 件，分為初階到進階，經審核通過將發給合格證書並成為講師。

上課時間：6 月 27（六）～ 29 日（一）＋ 7 月 25（六）～ 27 日（一）共 6 天

上課地點：台北市八德路 3 段 27 號 5 樓　電話：（02）2578-5612〈柏蒂格有限公司〉

課程費用：38500 元（認證費用外加 5000 元）

報名辦法：請電洽或上網下載報名表，傳真至（02）2222-1270 或 Email 至 mikiono.service@gmail.com

電話報名：（02）2226-7656　**報名表**：http://goo.gl/cqofL

設計＆講師：鄭寶珠（阿寶老師）

朵垛藝術坊 黏土老師
日本創作人形學院證書班講師
日本若林麵包花師證書班講師
哈利超輕土學會 兒童、人形、花藝、袖珍證書班講師
關口真優 16 件法式甜點黏土證書班 講師
日本氣仙エリカ美漾仿真甜品 講師
柏蒂格茉莉亞娃娃黏土證書班 講師
華視文教基金會 超玩美手作班 講師

主辦單位：小野美紀文化傳播有限公司

（七雪人信箱）

（九娃同遊掛畫）

（送愛天使掛鉤）

（縫紉線軸置物盒）

（心型園藝珠寶盒）

（妝扮旋轉音樂盒）

（採花精靈膠台）

（早安晚安掛飾）

（拜訪好友面紙盒）

其他相關訊息請上 Mikiono 小野美紀台灣區部落格 ttp://blog.roodo.com/mikiono

刺繡專題

Embroidery

春色刺繡款

將色彩豐富的繡線，作畫般刺繡在包款上，
更增添精緻質感。

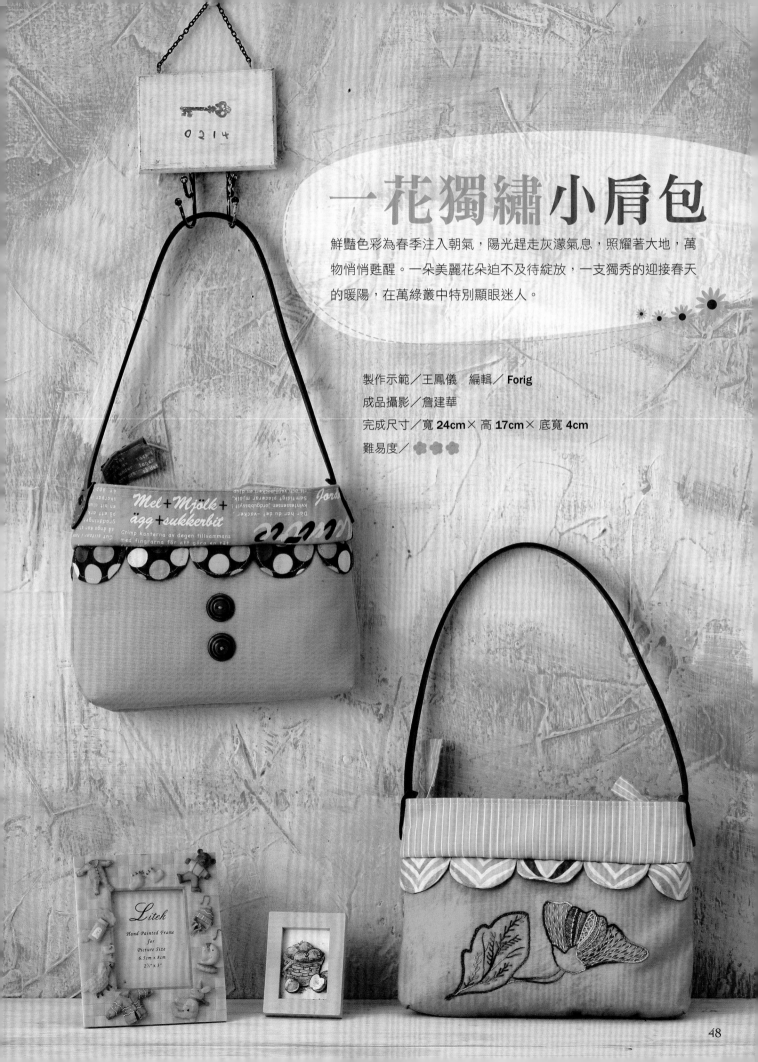

一花獨繡小肩包

鮮豔色彩為春季注入朝氣，陽光趕走灰濛氣息，照耀著大地，萬物悄悄甦醒。一朵美麗花朵迫不及待綻放，一支獨秀的迎接春天的暖陽，在萬綠叢中特別顯眼迷人。

製作示範／王鳳儀　編輯／Forig
成品攝影／詹建華
完成尺寸／寬 24cm× 高 17cm× 底寬 4cm
難易度／●●●

48

Materials 紙型 C 面

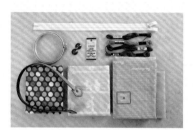

裁布

部位名稱	尺寸	數量
表袋身	依紙型	2 片（燙厚布襯）
裡袋身	依紙型	2 片
表裡花瓣	依紙型	各 10 片
拉鍊口布	6×22cm	2 片
拉鍊擋布	4×10cm	2 片
表袋口布	52×12cm	1 片（燙厚布襯）
滾邊布	60×5cm	1 條

其他配件

DMC／COSMO25 番繡線 5～8 色、30cm 拉鍊 1 條、
內徑 2cm 造型釦 2 顆、皮提把 1 組。

※ 以上紙型未含縫份，數字尺寸已含縫份。

Profile

王鳳儀

本身從事貿易工作，利用閒暇時間學習拼布手作，
2011 年取得日本手藝普及協會手縫講師資格。並
於 2014 年取得日本手藝普及協會機縫講師資格。
拼布手作對我而言是一種心靈的饗宴，將各種形
式顏色的布塊，拼接出一件件獨一無二的作品，
這種滿足與喜悅的感覺，只有置身其中才能體會。
享受著輕柔悅耳的音樂在空氣中流轉，這一刻完
全屬於自己的寧靜，是一種幸福的滋味。

J.W.Handy Workshop

J.W.Handy Workshop 是我的小小舞台，
在這裡有我一路走來的點點滴滴。
部落格 http://juliew168.pixnet.net/blog
臉書粉絲專頁 https://www.
facebook.com/pages/JW-Handy-
Workshop/156282414460019

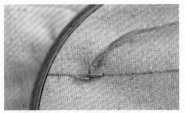

11 拉出線後為輪廓繡繡法。

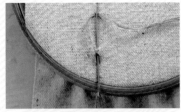

6 再從出針處穿入，平針穿出，重覆步驟 3～5。

1 將花朵圖案用複寫紙轉印到 30×22cm 袋身布上。

❀ 繡法 3：回針繡

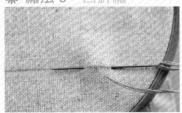

12 出針後往回穿入，平針穿出，讓起針處在中間。

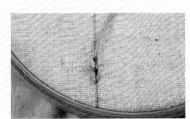

7 完成連續鎖針繡法。

2 轉印完成的樣子。

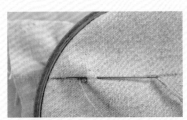

13 將針拉出形成圖示。

❀ 繡法 2：輪廓繡

8 出針。

❀ 繡法 1：鎖針繡

3 出針。

14 重覆步驟 12，繡至結束。

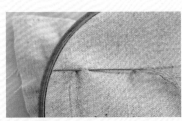

9 抓好針距穿入，再平針往回一半穿出。

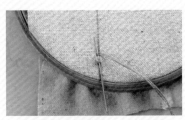

4 針再從起始點穿入，平針穿出，將線繞至針後方。

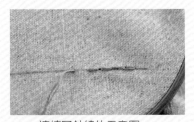

15 連續回針繡的示意圖。

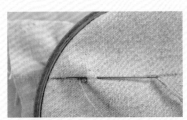

10 將線拉出後，重覆步驟 9，剛好在第二針穿入處出針。

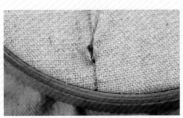

5 將針拉出後如圖示形成圈狀。（線不宜拉過緊）。

❀ 繡法 6：羽毛繡

26 從中間線頂端出針，穿入第一條線，再（斜針）穿出兩線間隔的中心。

27 將針拉出後形成 V 字型。

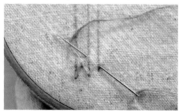

28 再移至第三條線下 0.5cm 處穿入，斜穿出至第二條線。

29 針拉出後，重覆動作依序縫製完成。

❀ 製作表袋身

30 運用上述繡法完成表袋身花型圖案刺繡，並依紙型留縫份剪出袋身，貼上厚布襯。

❀ 繡法 5：陰影繡

21 先畫出三條間距 0.5cm 的直線，從中間線頂端出針。

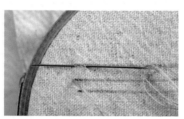

22 往第一條平針縫出針。

23 將針拉出後再移至第三條平針縫出針。

24 再回到第一條線平針縫出針。

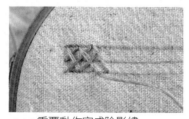

25 重覆動作完成陰影繡。

❀ 繡法 4：捲針虛線繡

16 用三股繡線，出針後在針距的一半平針穿入。

17 將線拉出形成圖示。

18 繡好所需長度，換另一色繡線，將針由上往下穿入虛線內。

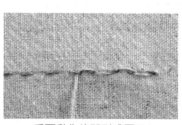

19 再由下往上穿回下一個線段。

20 重覆動作後即形成圖示。

42 將拉鍊口布擺放至拉鍊齒兩側，ㄇ字型壓線固定，並在兩端車上擋布。

43 裡袋身車縫好後，袋口處和拉鍊口布疏縫固定。

44 表裡袋身背面相對套合。取滾邊布折燙好，在袋口處對齊車縫一圈。

45 滾邊包覆袋口處縫份，手縫一圈固定。

46 在袋身兩側中間位置縫上皮提把，即完成。

37 翻回正面，如圖示。

✿ 組合表袋＆拉鍊口布

38 取表袋口布正面相對對折，側邊車縫並將縫份燙開。

39 翻回正面後再對折，折雙處壓線0.3cm、下方開口對齊並車縫0.5cm固定。

40 表袋口布套入表袋身，在袋口處對齊車縫一圈固定。

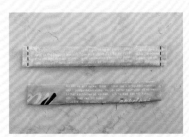

41 取拉鍊口布對折後車縫兩側，並翻回正面。

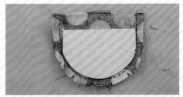

31 將表裡花瓣布，兩兩正面相對車縫U字型，並在弧度處剪牙口。

32 翻回正面並壓線固定，完成10片。

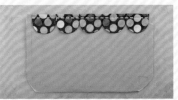

33 將花瓣依序固定於表袋身袋口處，後袋身取5片對齊車縫一道。

34 前袋身也取5片對齊車縫。

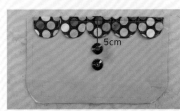

35 在非刺繡那面縫上造形釦，袋口縫份下5cm先縫上一顆，另一顆自行決定位置。

36 前後袋身袋底車縫打角，正面相對對齊，車縫U字型固定。

優雅春意肩背包

聚集了清新柔美的相襯色系，讓雅緻簡約的包型更添魅力。

外暗袋、內夾層的實用巧思，在使用時更能直接感受到令人愉快的便利性。

示範／**Ciao Fun** 手作　編輯／**Vivi**　攝影／蕭維剛

完成尺寸／寬 **36cm**× 長 **30cm**× 厚 **14cm**

難易度／●●●

Materials 紙型Ⓐ面

用布量
表布：85cm×70cm、裡布：90cm×110cm
薄襯：85cm×70cm、燙棉：11cm×22cm

裁布

肩背包（除特別註明外，紙型縫份皆外加 1cm。薄襯燙在表布上。）

部位名稱	尺寸	數量
側袋身：表布／厚布襯	紙型 A	4 片（左、右各畫兩片）
裡布袋身：裡布	紙型 B	2 片
夾層拉鍊布：裡布	紙型 C	4 片（上方縫份 0.7cm，其餘部分縫份為 1cm）
中心布條：表布／厚布襯	22cm(X)×81cm(X)	1 片
見返：表布／厚布襯	34.5cm(1)×6cm(1)	2 片
內口袋：裡布	20cm(X)×28cm(X)	1 片
外口袋：裡布	20cm(X)×31cm(X)	1 片
厚布襯	3cm(X)×3cm(X)	2 片

小圓零錢包（已包含縫份）

部位名稱	尺寸	數量
零錢包：表布／燙棉	依紙型	4 片／2 片
包邊條：裡布	3cm×33cm（斜布紋）	2 片
提帶：裡布	4cm×20cm	1 片

其他配件
磁釦 1 組、布標 1 個、尼龍拉鍊 15cm2 條、塑鋼拉鍊 25cm1 條、1cmD 環 1 個、
1cm×4cm 蕾絲 1 條、燙貼 1 份、厚布襯 3cm×6cm、皮革提把 1 副、鉚釘 4 組、
12cm 蠟繩 1 條、問號鉤 1 個

 # Profile

Caio Fun 手作
由三位喜愛拼布的女生在 2009 年組成，成員有思云、艾娜娜及潔西卡。
工作項目包括拼布教學及研習，拼布材料與成品的販售與訂製。
著有：《自然手感布雜貨》、《布作的生活提案》
媒體曝光：創意手作館 no.61 繽紛的布作時光、自由時報 103 年 10 月 31
日週末生活版、玩布生活 No.17

工作室：桃園市中壢區環西路 66 號 5 樓
部落格：http://handmade88.pixnet.net/blog
臉書粉絲專頁：http://www.facebook.com/fun.handmade

How To Make

8 另一邊外口袋布車縫在另一側拉鍊上。

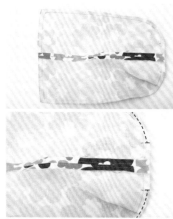
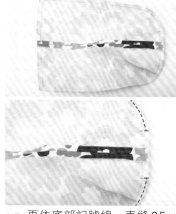

5 再依底部記號線，車縫 0.5cm 將摺痕固定。

1 中心布條左、右長邊各往內折 3cm，車縫 0.5cm 固定。

9 外口袋布兩側開口，車縫 1cm 固定。

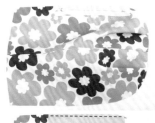

6 20×31cm 外口袋與側袋身夾車 15cm 拉鍊一側，拉鍊置放位置為側袋身上方往下 12cm（含縫份）。

3 側袋身 2 片正面相對，車縫 1cm。

10 中心布條與外口袋布正面相對，夾車另一側拉鍊。

7 注意：夾車的拉鍊布兩端需斜向外反折。

4 縫份刮開倒向兩側，在正面接合處，左、右兩側車縫 0.2cm 裝飾線。

2 中心布條上方往下 8cm（含縫份），縫上皮標。

20 裡布袋身與見返車縫 1cm，縫份倒向見返，車縫 0.2cm 裝飾線。

21 同法完成另一片裡布袋身。見返中心點往下 3.5cm（含縫份）做記號備用，此點為磁釦中心點。

22 2 片裡布袋身正面相對，車縫 1cm 組合成內袋。

23 安裝磁釦。見返背面先燙上 3cm×3cm 厚布襯加強，再進行安裝。

16 同法完成另一邊拉鍊夾車。

17 完成後的拉鍊夾層布（共 4 片），三邊對齊疏縫固定。

18 裡布袋身分別車縫底角。

底角縫份攤開

19 拉鍊夾層布底部中心點與裡布袋身底部中心點相對，車縫 0.5cm 將拉鍊夾層布固定在裡布袋身上。

11 中心布條分別與側袋身車縫 1cm 固定，組合成外袋。

12 注意：有拉鍊的位置，不用車縫。

13 製作內口袋，車縫在其中一片裡布袋身上，位置為上方往下 6cm（含縫份）。

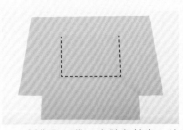

14 2 片夾層拉鍊布與 25cm 拉鍊夾車（中心點對齊）。

15 2 片夾層拉鍊布翻向正面，距布邊 0.2 cm 車縫一道裝飾線。

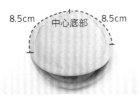

8.5cm　　8.5cm
中心底部

32　零錢包前、後片正面相對，在背面開始捲針縫，縫至另一端的 8.5cm 記號線為止。

33　將 15cm 尼龍拉鍊以全回針方式縫在零錢包袋口。

34　4×20cm 布條折成 1×20cm 布條，左、右車縫 0.2cm。

35　一端套入問號鉤，反折約 1.5cm 車縫固定。

36　另一端套入 D 環中，反折約 1.5cm 車縫固定。

37　完成零錢包。

❀ 製作外掛小圓零錢包

27　將燙貼燙在 2 片表布上，接著背面燙上燙棉。

28　再分別與另 2 片沒有燙貼的表布背面相對，車縫 0.5cm 一整圈。

29　包邊條車縫 0.7cm 固定。

30　內側藏針縫固定，完成一片。

31　零錢包底部中心點往左、右各 8.5cm 做記號線。蕾絲套入 D 環，蕾絲對齊其中一邊的 8.5cm 記號線。

24　外袋、內袋上方都往內折 1cm 燙平。內袋裝入外袋中，上方袋口車縫 0.2cm 固定。夾層拉鍊頭裝上蠟繩。

 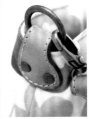

25　側邊依提把位置做記號打洞，以鉚釘安裝皮革提把。

26　完成。

森林刺蝟旅人包

輕飄飄的重量是隨行的必要條件，一起走入自然、走入心底。沒有任何累贅感的率性氣質，散發著想出發就出發的自由果敢。

示範／布穀手作小舖　編輯／Vivi

攝影／蕭維剛

完成尺寸／包：高 **24cm**× 長 **40cm**

　　　　　別針：寬 **10cm**× 高 **7.5cm**

難易度／● ●

Materials 紙型 C 面

裁布

部位名稱	尺寸	數量
表布		
表袋身	紙型	2 片
表袋身用厚布襯	紙型	2 片（不含縫份）
綁帶	10×97cm	3 片
拉鍊旁裝飾布	1.5×7cm	4 片
拉鍊旁裝飾布用薄布襯	1.5×7cm	4 片（不含縫份）
袋環	8×8cm	1 片
包環處裝飾布	6×8cm	1 片
拉鍊	25cm	1 條
裡布		
裡袋身	紙型	2 片
拉鍊內藏口袋布	27×32cm	1 片
拉鍊外裝飾布	5×7cm	1 片
拉鍊	20cm	1 條
刺蝟裝飾別針		
表布	紙型	2 片
表布用鋪棉	紙型	2 片（不含縫份）
繡線		3~4 種顏色
別針		1 個

※ 以上數字及紙型皆不含 1cm 縫份。

Profile

布榖手作小舖 Tanya

擅長將生活融入創作中，創作風格為「日式雜貨布作」。

部落格：http://bu-goo.blogspot.tw/
臉書粉絲專頁：搜尋「布榖手作小舖」

✿ 製作袋環及包環處

11 袋環 8×8cm（一塊）、包環布 8×6cm（一塊），兩者做法皆相同。

12 將布如圖摺等份折痕。

13 往中央對折，再對折如 14 圖。

14 於 0.5cm 處上下車縫。包環布做法同袋環。

✿ 製作背帶

15 97cm×10cm 布條三份（含縫份 1cm），可運用不同布拼接，作品會較為活潑。

16 將拼接完成的背帶向下對半折，如圖車縫，留 8cm 返口後，返口藏針縫完成。

17 如圖車縫。

18 車縫完成後翻回正面，整燙。

6 於外框 0.5cm 處壓 0.5cm 的框。

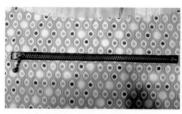

7 將拉鍊用布用雙面膠，將拉鍊固定於後方。

8 將口袋布一邊上方，車縫於拉鍊上方 0.7cm 處，另一邊下方也是如此做法。

9 左右兩邊 1cm 處車縫完成。

10 如圖完成內袋拉鍊。

✿ 製作內裡拉鍊

1 取 A 裡袋拉鍊 20cm、B 口袋布 27×32cm、C 拉鍊外裝飾布。

2 將 C 放置離上布邊 3.5cm 處，畫一個高 1cm 寬 22cm 的框，如圖。

3 如圖車一個長方形外框。

4 將中間剪開，左右兩邊剪成三角形。

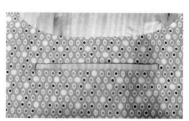

5 將布翻進框內整燙。

30 藏針縫將返口縫合。

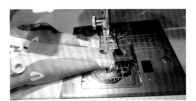

31 將袋環對折，塞入 1cm，車縫固定。

32 將準備好的小段包環處裝飾帶，於 0.5cm 車縫固定。

33 另一邊內摺 1cm 用強力夾固定，然後藏針縫完成。

34 將背帶中央車在包包另一頭。

35 背帶對折車一個方型固定。

25 翻回正面整理後，於拉鍊旁壓縫固定。

26 完成如圖。

27 另一面參考 23~26 做法。

28 表布對表布，裡布相對如圖車縫，並於裡布旁留 10cm 返口。

29 返口先熨燙整型，再翻回正面。

19 表布 ×2 份 (參考版型)、布襯 ×2 份 (參考版型)、裡布 ×2 份 (參考版型)、拉鍊旁裝飾表布及襯 7cm×1.5cm× 各 4 份 (襯不含縫份)。

20 先將 25cm 拉鍊旁 0.7cm 處，手縫 2~3 針固定在兩旁車縫固定。

21 將拉鍊布如圖固定於拉鍊旁。

22 翻回正面壓裝飾線。

23 將表布及裡布固定於一邊拉鍊，並正面相對，0.7cm 處車縫。

24 拉鍊旁裝飾布分開車縫。

48 第一針須將針頭輕拉藏進布裡。

49 運用迴針縫來完成弧線。

50 建議每一針都要留一些些間隔，較有手感的感覺。

51 喜歡粗獷的感覺就將繡線股數增加就可以囉！

52 後面縫上別針就完成了。

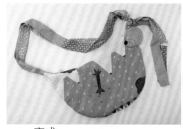

53 完成。

42 翻回正面，整型用珠針固定。

43 藏針縫固定返口。

44 製作刺蝟鼻子，剪一個直徑10cm 的圓，在 0.7cm 位置疏縫。

45 疏縫完成後，輕拉將布縮成圓型，裡面塞少許的棉，將開口縫合。

46 將刺蝟鼻子運用藏針縫，和身體結合。

47 運用水消筆，畫上刺蝟的身體及眼睛鼻子。

36 將背帶兩頭穿過裝飾袋環。

37 打個蝴蝶結即完成囉！

❀ 製作刺蝟別針

38 表布 (麻布)×2 份 (紙型)、鋪棉 ×2 份(紙型)不含縫份、繡線、刺繡專門針、水消筆、別針。

39 將鋪棉熨燙在表布背面完成後，兩塊表布正面相對，使用珠針固定。

40 車縫並留 6cm 返口於下方。

41 車縫後剪牙口，返口處不剪。

花團錦簇收納包

春天來臨，將萬物注入朝氣，花朵充滿生命力的盡情綻放，相互
爭艷著，吸引著人們的目光，拍照留念亦或是隨筆寫生，將這美
麗景緻永久保存下來。期待下個春天，是否依然美麗？

製作示範／黃惠蘭　編輯／Forig　成品攝影／詹建華
完成尺寸／寬 20cm × 高 14cm × 底寬 4cm
難易度／🌸🌸🌸

Materials 紙型 C 面

裁布

部位名稱	尺寸	數量
表裡袋身	依紙型	2 片（表燙布襯）

其他配件
DMC 繡線 7 色、20cm 拉鍊 1 條。

※ 以上紙型已含縫份。

Profile

黃惠蘭

小倉緞帶繡指導師
日本余暇文化振興會英國刺繡講師

多米村拼布藝術教室

02-86873891
新北市樹林區啟智街 129 號 2 樓
臉書粉絲專頁 搜尋「多米村拼布藝術教室」

How To Make

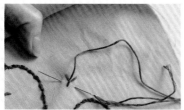

11 出針回中點，再平針穿入 3、5。

6 完成圖案上的扭轉鎖鏈繡。

❀ 繡法 2：蛛網玫瑰繡

1 將花朵圖案用複寫紙轉印到表袋身裁片上。

❀ 繡法 1：扭轉鎖鏈繡

12 拉出後針頭回穿入 3 的線段。

7 （一條繡線 6 股）出針。

2 （一條繡線 6 股）出針。

13 拉出後針頭再回穿入 1 的線段。

8 依圖示平針穿入 2。

3 平針穿入。

14 重覆第一圈 1、3、5，第二圈 2、4 繞，連續繞至看不到五角。收尾下針在有蓋到線的地方。

9 繡線在針下方拉出。

4 線繞過針。

15 完成圖案上的蛛網玫瑰繡。

10 順著穿入 4 形成 Y 字型。

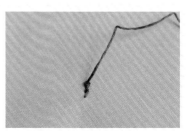

5 拉出。（不要拉過緊，圈圈會看不到）

26 完成花蕊兩條，從旁枝出針。

21 拉出後再隔 0.1cm 處下針打結。

16 （一條繡線 2 股）出針後平針回穿。

27 拉出後平針斜穿入花蕊下方至出針處。

22 完成圖案上的雛菊繡。

17 拉出後重覆動作到完成。

❀ 繡法 5：捲針玫瑰繡

28 將線繞針 13 圈。

23 （一條繡線 2 股）出針後再平針回穿至出針處。

18 直針繡出樹梗的旁枝。

29 重覆動作繡出花形。

24 將線繞針 8 圈。

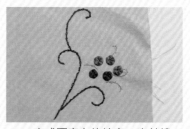

19 完成圖案上的輪廓 + 直針繡。

❀ 繡法 4：雛菊繡

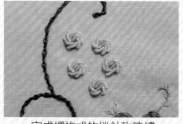

30 完成螺旋式的捲針玫瑰繡。

25 線拉出後向下穿入。

20 （一條繡線 2 股）出針後再從出針處平針穿入。

40 套入裡袋身，袋口處對齊拉鍊，立針縫一圈固定。

41 翻回正面即完成。

36 再沿著畫線繡出輪廓＋雛菊繡，完成後袋身刺繡。

❀ 製作袋身

37 將前後袋身對折，車縫兩側，完成表、裡袋身。

38 表、裡袋身袋口處內折燙 1.5cm，袋底打角 4cm。（畫 2cm 正方抓起車縫）。

39 將拉鍊與袋口正面相對，對齊後手縫固定上去。

31 枝葉用輪廓＋雛菊繡，完成前袋身刺繡。

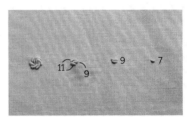

32 後袋身的三條，中間繞 9 圈，兩旁 11 圈。兩條的都繞 9 圈。一條的繞 7 圈。

❀ 繡法 6：飛鳥＋輪廓繡

33 （一條繡線 1 股）出針在捲針玫瑰繡一邊，再平針穿入另一邊。

34 拉出後再間隔 0.1cm 處下針並打結。

35 完成後袋身捲針玫瑰繡的花托。

籬笆上的幸福熊刺繡包

和煦的春風捎來戀愛的信息，

將籬笆上情竇初開的小熊們繡上包包，

背著它，彷彿心情也變得浪漫甜蜜起來！

製作示範／彭麗錦　編輯／**Joe**　成品攝影／詹建華

完成尺寸／寬 **23cm**× 高 **34.5cm**× 底寬 **6 cm**

難易度／✿✿✿

Materials 紙型 C 面

袋身和刺繡材料

外口袋材料

用布量
70×35cm 袋身表布 1 片、90×35cm 袋身裡布 1 片、
15×30cm 上口布表布 1 片、22×36cm 外口袋表布 1 片、
22×36cm 外口袋裡布 1 片、4×50cm 外口袋滾邊布條 1 片、
10×10cm 裝飾布 1 片、10×15cm 布環 1 片、3×9cm 拉鍊
擋布 1 片、5×5cm 蝴蝶結 1 片。

裁布

部位名稱	尺寸	數量	備註
袋身表布	依紙型	2	燙襯
上口布表布	依紙型（正反各畫一片）	2	燙襯
袋身裡布	依紙型	2	燙襯
內口袋裡布	22×30cm	1	燙半襯（11×15cm）
外口袋前表布	依紙型	1	燙襯
外口袋前裡布	依紙型	1	燙襯
外口袋後表布	依紙型	1	燙襯
外口袋後裡布	依紙型	1	燙襯
外口袋滾邊布條	4×50cm	1	已含縫份
布環（袋口用）	5×8cm	2	已含縫份
布環（外口袋用）	3×8cm	1	已含縫份
裝飾布	依紙型	4	
拉鍊擋布	3×4.5cm	2	已含縫份

其他配件
35×160cm 布襯、12×1cm 拉鍊、20×1cm 拉鍊、
問字勾 2 個、長 10cm 棉繩 1 條 (直徑 0.5cm)、圓
鐵環 2 個 (內徑 2cm)、DMC 8 號繡線 7 色、小釦 2 個。

※ 所有布襯不需縫份，布料需外加縫份 1cm

Profile

彭麗錦

可愛、溫馨、浪漫、優雅的生活雜貨，都想
用布做出來，看著一片片布料漸漸成形的過
程，樂趣伴隨著驚喜同時出現，想一直過著
這樣的玩布生活。

布遊仙境手作雜貨屋

03-5506004 新竹縣竹北市自強六街 22 號
臉書粉絲專頁→ 布遊仙境手作雜貨屋
網路店舖→ http://www.lichin2004.com/

4 完成花朵圖案。

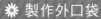

1 將圖案複寫於外口袋前表布正面。

2 完成小熊刺繡圖案後，於背面燙襯。

3 前表布和前裡布一同夾車 12cm 拉鍊。

4 後表布和後裡布一同夾車 12cm 拉鍊另一側。

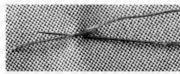

3 以短的直線繡針法將芯線釘住。

4 沿著芯線的圖案邊緣往前刺，最後在芯線圖案的終點刺入，從背面出線。

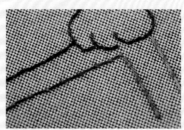

5 完成籬笆圖案。

✿ 繡法 3：雛菊繡

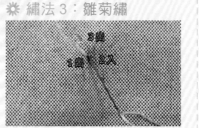

3出
1曲 2入

1 在線端打結，從布的背面開始入針。在出線的同一個孔再入針，接著在 3 出針，線掛在針的下面。

2 抽出針，藉由拉線調鬆緊來決定線圈的胖瘦。針貼著線圈邊入針固定。

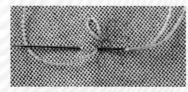

3 重複上述步驟，繡下一朵花瓣。

✿ 繡法 1：回針繡

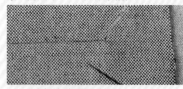

1 從布的背面入針。

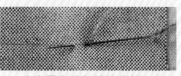

2 先由圖案線起點的往前一針目的位置出針。

3 返回到一針目的位置入針，再向前兩個針目的長度位置出針。

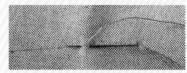

4 如此反覆回刺前進。

5 完成小熊圖案。

✿ 繡法 2：釘線繡

1 芯線穿針後從圖案的起始點出針，沿著芯的圖案線擺放。

2 固定用線從芯線的邊際出針。

15 完成外口袋。

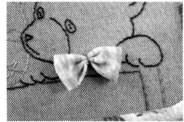

16 製作蝴蝶結，縫在男生小熊上作為裝飾。

❀ 製作袋身

17 將 5cm 棉繩對折後疏縫固定於袋身表布前片正面上 (紙型記號處)。

18 上口布和袋身前片表布車縫 (正面相對)。

19 將 20cm 拉鍊尾端以二片擋布反面夾車後翻正面。

10 布環反面對折車縫一側後翻正面，對半剪成二條。

11 問字勾套入布環疏縫固定 (備用)。

12 裝飾布分別將二片正面相對車縫 (上端縫份先內折)，上端為返口不車。

13 裝飾布翻正面後，再將步驟 11 的問字勾放入上端，於正面布邊車縫一圈固定。

14 將步驟 13 的裝飾布置於袋口離布側邊 2cm 的位置，再藏針縫於後表布。

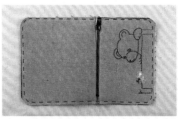

5 疏縫固定整個外口袋一圈。

6 如果用於外口袋的滾邊布條不夠長，可以如圖示將二片布條相接。

7 步驟 5 對折讓三邊切齊後，將製作好的滾邊布條一邊車縫固定於外口袋。

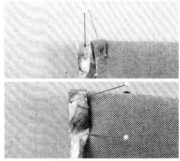

8 將滾邊布對折後，以珠針固定住位置。

9 以藏針縫方式，手縫固定另一側滾邊。

30 將袋身裡布套入袋身表布反面。

25 上口布弧度處如圖剪牙口，直角剪斜。

20 袋身後片表布車上步驟 19 的拉鍊。

31 裡布上側藏針縫一圈固定。

26 車縫二側底角。

27 車縫裡布內口袋，將內口袋車縫固定袋身裡布正面。

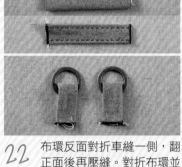

21 上口布車縫拉鍊另一側。

22 布環反面對折車縫一側，翻正面後再壓縫。對折布環並將鐵口環套入後疏縫。

32 由拉鍊口將袋身翻正面後，於上口布下側壓縫一道。

28 袋身裡布前後片正面相對車縫左右二側及下側 (上側及底角不車)。

23 將布環固定於上口布二側，在較低那側布環需離布側邊 0.7cm。

33 將外口袋勾上袋身棉繩，即完成雙袋刺繡斜背包。

29 車縫二側底角。

24 袋身表布前後片正面相對車縫一圈，下端二側底角先不車。

基礎打版入門

方形打底版型 二

看似簡單的方型包款，其實暗藏許多細節和變化，

不厭其煩的扎實打版的基本功，可省去做包失誤所花費的時間和材料成本，

感受一次成功的愉悅和成就感，打版製作一氣呵成。

解說文／淩婉芬　編輯／Forig　成品攝影／林宗億

示範尺寸／寬 **31.5cm**× 高 **32cm**× 底寬 **10cm**（大）

寬 **21cm**× 高 **16cm**× 底寬 **4cm**（小）

難易度／★ ★

這一期的方型兩片有底包款，通常成品看起來會是方形的，但版型的畫法會呈現梯型結構。

 ## 方型兩片版型有底包款介紹：

※ 打版工具：請參考打版一（Cotton Life NO.16）

範例包款是**方形兩片版有底型**，同樣是入門基本的包款，也是常用的包款設計方式。

成品看起來像方形 ⤵

但側面就像 ⤵

實際上在計算尺寸時卻是以梯形計算，請記住這個關係喔！

至於如何來計算加了底之後的大小呢？同樣是有一個大原則

 你要的包可以裝下甚麼東西？

Profile

凌婉芬

原從事廣告行銷企劃工作，土木工程畢業。在一次因緣際會下接觸拼布畫與拼布包，便一頭栽進布的世界裡。由於包包創作實在太有趣，因此開始研究各種包款的版型，進而創立一套比較有系統的版型規劃方式。目前從事網路教學，舉凡包包製作、版型規畫、手工書、拼貼、手工皮件等均為教學範圍。

布同凡響的手作花園
http://mia1208.pixnet.net/blog
email：joyce12088@gmail.com

 製版方法:

1. 參照第一回的尺寸當作範例

舉例說明:

我想要在包中放下 A4 的書本,此時我要有概念,A4 的尺寸是約 **29.5x21cm** 這樣是平面尺寸,現在要加到有寬度的包身,底寬同第二回的制定方法。

→ 如果書厚 **2cm**,就可以加進來 **2cm**(就是剛好的尺寸),這邊不同的是整體寬度先加上 **2cm**。

→ **29.5+2cm=31.5cm**(這就是袋口寬度)

→ 接著要想還要可以裝進去哪些東西,可用最大尺寸的寬度來計算底的寬度。

→ 如果都不知道倒底該放甚麼,那麼還是可以用手的寬度來決定!

→ 所以底的寬度就是手的寬度大約

10cm+31.5cm=41.5cm,這樣一來我們就有了兩條橫線的數據。

袋口寬度 **31.5cm**,袋底寬度 **41.5cm**,有了這些數據以後就可以定下一條基準線。

在方格紙上先畫 **41.5cm**,這邊加的線段是橫的部份。

如下圖示↓

> 線段要水平,請用三角尺確認
> 如果用方格紙畫就不需確認
> 橫線畫 *41.5cm*

2. 直線的部分依照第一回講義的計算方法

→ **41.5cm / 1.3=32cm**

再加上剛剛制定的底寬 **5cm**,所以 **32cm+5cm=37cm**

 橫型的方包版型

剛剛畫好第一條底的寬度後,需要畫一條中心線(這就可以使用高度的數據 37cm)

再接著畫上面那條 31.5cm 的線段後,連接梯型兩側線段↓

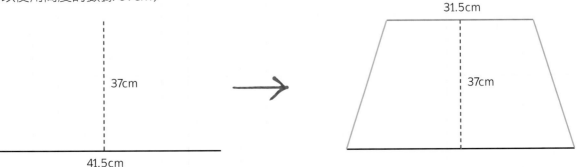

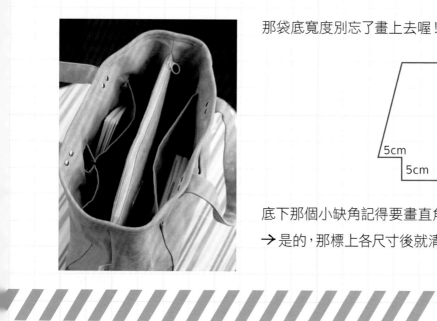

那袋底寬度別忘了畫上去喔！所以正確的版應為↓

31.5cm

37cm

5cm

5cm

31.5cm

底下那個小缺角記得要畫直角，這時可用三角版確認一下是不是直角。

→ 是的，那標上各尺寸後就清楚了吧！

範例 2 拉鍊小包版型

開口端想上一條 20cm 拉鍊。

那麼版型的大小同樣先制定已知的 **20cm** 加上鬆份抓 **1cm**

（這邊是考慮拉鍊的總長度在不增加頭尾連接布的狀況下）

→ 單邊的版型長度就是 **20cm+1=21cm**

→ 橫線部分因為拉鍊是固定長度，所以這邊上端長度不變，

　底的橫線就要依照上面的畫法向外兩邊各 **+2cm**

　長度按照比例算法就約為 **16cm**，底參照第二回畫法同樣定為 **4cm**

→ 直線的部分需增加一半的長度 **+2cm**

→ **16cm+2cm=18cm**

➡ **試試看～練習一下畫出有底的版型吧！**

20cm 拉鍊

21cm

18cm

2cm

2cm

21cm

↑此為實版

問題思考：

1. 梯版畫法可以變化出怎樣的包款？

2. 如果是倒梯形呢？會產生甚麼樣的變化呢？

3. 為什麼版型要畫實版？連縫份畫進去的差別在哪兒？

4. 不按照比例來設計版型可行嗎？

NEXT ➡ 有側身袋底的打版跟計算方式（四）

輕柔飄花百搭上衣

輕輕的闔上雙眸，腦海畫面逐漸清晰，妳正舒適的躺在柔軟的花田中，微風撫過帶來清甜的花香味。在這美麗的意境裡，妳可以輕快的跳舞，讓心靈自在的飛翔，感受著無所拘束的簡單快樂。

製作示範／ Gina　編輯／ Forig

成品攝影／詹建華

完成尺寸／衣長 69cm（Size：M）

難易度／❀ ❀ ❀

Materials 紙型 **C** 面

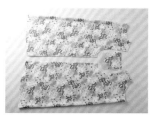 

用布量
（S～L）圖案布 6 尺、素色布 1 尺、
洋裁襯布半尺。

裁布

圖案布	尺寸	數量
前衣身	依紙型	1 片
後衣身	依紙型	1 片
袖片	依紙型	2 片
胸前口袋布	依紙型	1 片
素色布		
胸前口袋布	依紙型	1 片
前貼邊	依紙型	1 片（燙洋裁襯）
後貼邊	依紙型	1 片（燙洋裁襯）
側邊口袋布	依紙型	4 片

※ 以上皆未含縫份，依紙型標示留縫份。

拷克部位：前後衣身的肩線、脇邊，袖片的左右袖脇邊，
前後貼邊的貼邊底端，側邊口袋布的四周圍。

尺寸：S～L　單位：公分			
	S	M	L
胸寬	100	104	108
肩寬	37	39	41
臀圍	114	118	122
身長（後中測量）	67	69	71
袖長	40	42	44

Profile

Gina

從事成衣製作多年，工作之餘最喜歡為自己和姐妹們縫製
衣物，配飾等等，喜歡手作服的寬鬆自在，和細微之處的
小小變化，更喜歡多彩多姿的布料選擇，在棉布手作服中
找到生活小確幸。很高興有機會能夠和大家一起分享。

◀ 製作側口袋與上袖 ▶　　　　　　　　　　　　　◀ 製作前口袋和貼邊 ▶

9 將側邊口袋布固定在前後衣身的脇邊處，對齊車止點，脇邊是 1.2cm，口袋布固定線車縫 1cm。

5 衣身與貼邊正面相對，領圍處對齊車縫一圈。領圍縫份整圈打牙口，每隔 0.7cm 打一刀，每刀深度 0.6cm。

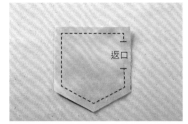

1 取 2 片胸前口袋布正面相對車縫 1cm，並在口袋側邊處留 5cm 返口。

10 縫份倒向口袋布正面壓臨邊線，只壓至車止點處。

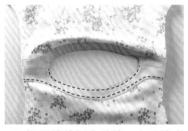

6 領圍縫份倒向貼邊，在貼邊處車縫臨邊線，壓線後翻好整燙，貼邊下緣沿著拷克邊往內折燙，同衣身壓臨邊線固定。

2 修剪縫份，從返口處翻回正面整燙。

11 前後衣身脇邊正面相對，注意口袋布要對齊，車縫脇邊線（口袋口中間這段不能車），縫份燙開，車縫口袋布周圍，完成左右脇邊和口袋。

7 貼邊完成的正面示意圖。

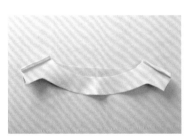

3 取前後貼邊正面相對，兩側肩線車合並將縫份燙開。

12 袖片正面相對對折，車縫脇邊並將縫份燙開。

8 將胸前口袋車縫在前衣身紙型標示處，可在側邊加上織帶作裝飾。

4 前後衣身正面相對，兩側肩線車合，縫份燙開。

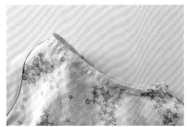

17 左右袖子車縫好後袖圍拷克
一圈。

13 袖口縫份先折燙 1cm 再折
燙 2cm，車縫臨邊線一圈。

18 下襬處先內折燙 1cm 再折燙
2cm，車縫臨邊線一圈。

14 袖口反面示意圖。

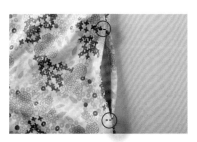

19 翻回正面，在側口袋的開口
上下止點處，如圖示車縫一
小段固定。

15 注意先分清楚左右袖子，並
點出袖山點記號，衣身肩線
對齊袖山點，袖圍處正面相
對套合對齊，車縫一圈。

20 完成。

16 袖圍縫份倒向袖片整燙。

用布量特企

Enough

一尺完成布手作

運用有限或零碼的布料，創作出各式布手作，
賦予新的價值。

製作示範／腳媽
編輯／Joe
成品攝影／詹建華

完成尺寸

寬 16cm
高 29cm
底寬 8cm

難易度
2

品酒袋禮物組

在令人身心舒暢的美好春日，
找一天與知心好友來淺嚐紅酒。
有著素雅造型設計的品酒袋禮物組，
讓收到禮的人，也能感受到你的甜蜜心意。

PROFILE
腳媽

一個喜歡天馬行空幻想的美術老師，擁有
兩個寶貝的全職媽媽，抱持著對布作的簡
單熱情，透過自學及不斷的摸索，開始了
自己小小的布作工作室。十分著迷於布與
布之間美妙的變化，喜歡用直覺玩配布，
享受著邊手作邊陪伴孩子成長的過程，能
夠用愛灌溉每個作品是件很幸福的事！！
當初因為被卡通「快樂腳」裡主角「波波」
的開朗樂觀所感動，由衷地希望孩子也能
快樂成長，因而給女兒取了「腳妹」的小
名，而「腳布屋」這個品牌名稱也因此誕
生。目前以接受客製包訂製為主，不定時
有成人手作及幼兒手作的課程，喜愛手作
的朋友可以相互來交流喔！

粉絲團：
https://www.facebook.com/
fiona5443
部落格：
http://fiona5443.pixnet.net/blog

Materials 紙型 D 面

酒袋表布	74×18cm	1
口布表布	依紙型	2
杯墊表布	13×13cm	2

其它配件：
長 4cm× 寬 1cm 白色皮片、麂皮帶子、鉚釘 1 組、
花朵裝飾片 ×2、造型裝飾邊。

※ 以上數字不含縫份。

製作酒袋

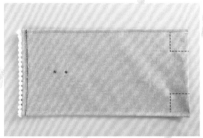

08 如圖打 8cm 底角，不剪底角。

09 翻回正面，完成酒袋的製作。

10 將麂皮帶子穿過白色皮片，繞幾圈後綁蝴蝶結，即完成。

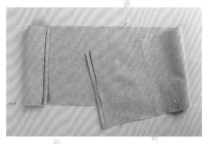

04 翻到背面，將短邊內折 1cm，燙平後車縫。

05 將 2 條造型裝飾邊如圖示車縫上去。

06 將表布背面相對折半，距 0.5cm 處車縫長邊，作為包邊。

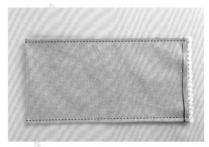

07 從酒袋開口處翻至背面，距 1cm 處車縫長邊。

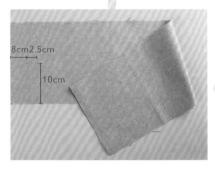

01 裁剪下長 74cm × 寬 18cm 的表布製作酒袋。在表布如圖位置畫上兩點作記號，以確定打孔的位置。

02 在表布和白色皮片上各打兩個相對應的洞，再釘上鉚釘將白色皮片固定於表布。

03 於如圖標記位置車縫上花朵裝飾片。

19 與另一片表布正面相對車合，留返口後，如圖剪底角。

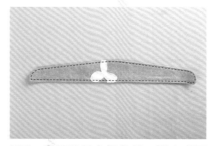

15 翻正後壓上裝飾線，即完成口布的製作。

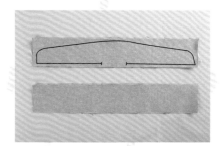

11 準備兩片口布表布，在表布上依紙型描繪。

20 翻回正面，車上裝飾線，即完成好用的杯墊。

16 口布的使用方式，請見圖示。

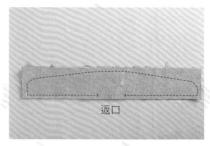

12 車縫上花朵裝飾片。

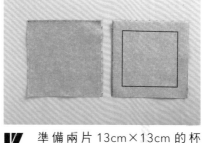

17 準備兩片 13cm×13cm 的杯墊表布，並取其中一片表布距邊緣 2cm 畫線作記（如圖）。

13 將兩片表布正面相對後，車合固定，記得留返口。

18 於表布畫線位置車縫上造型裝飾邊。

14 依紙型裁剪下來（含 0.5cm 縫份），上方弧度處用鋸齒剪刀剪牙口。

製作示範／由美
編輯／Forig
成品攝影／詹建華

完成尺寸

車輪餅
直徑 7cm
厚度 4cm

御飯糰
寬 9cm
高 8.5cm
厚度 4cm

豆腐
寬 7cm
高 7cm
厚度 4cm

おいしい
可愛造型零錢包

難易度
3

造型多樣又可愛的零錢包，像是一個個可口的美食，討喜的
讓人想隨時攜帶在身邊，掛在包包上也很吸睛。會令人愛不
釋手的可愛小物，不占空間又實用，擁有好幾個也不嫌多。

P R O F I L E

由美

手作資歷 20 年,專長紙粘土工藝,麵包
花工藝,擁有日本 DECO 宮井和子 粘土
工藝講師資格,曾開班授課教學。
近年鑽研布作,皮革手縫和車縫手藝,與
版型打板設計。

yumi studio 由美 手作工房
部落格 http://yumistudio.pixnet.net/blog
網站 http://www.coolrong.com.tw

Materials 紙型 D 面

裁布:

(車輪餅)表布

前後袋身	紙型	2 片(燙不含縫份厚襯)
拉鍊口布	紙型	2 片(燙含縫份薄襯)
下側身	紙型	1 片(燙含縫份薄襯)
斜邊布	3×30cm	2 片
手提吊飾布	4×38cm	1 片

裡布

前後袋身	紙型	2 片(燙含縫份薄襯)
拉鍊口布	紙型	2 片(燙含縫份薄襯)
下側身	紙型	1 片(燙含縫份薄襯)

其它配件:

10cm 拉鍊 1 條(車輪餅)、13cm 拉鍊 1 條(豆腐)、14cm
拉鍊 1 條(御飯糰)、1cm 緞帶長 8cm、8×6mm 鉚釘 1 個、
四合釦 6 組、掛鉤 1 個、2cm 織帶長 20cm。

※(豆腐)換紙型,同上裁法,唯有包邊布改 3×34cm。

※(御飯糰)換紙型,同上裁法,包邊布改 3×34cm,
  海苔布依紙型裁 2 片。

※ 以上紙型、數字尺寸皆已含縫份。

09 疏縫左右兩圈。

組合袋身

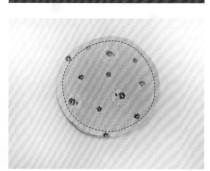

10 前後袋身的表裡布背面相對車合一圈。

11 取車好的外圍袋身,沿邊對齊並車縫。※繞著圓圈先車縫2mm的地方。

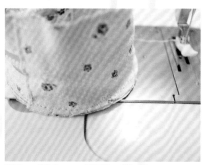

12 剪3mm牙口一圈。

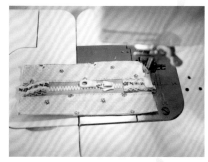

05 取8cm緞帶對剪,對折固定至拉鍊兩側當耳絆。

06 表裡下側身夾車拉鍊口布短邊,縫份1cm車縫。

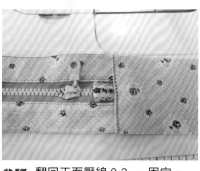

07 翻回正面壓線0.2cm固定。

08 車法相同完成另一側。

製作外圍袋身

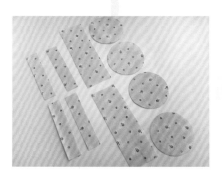

01 依紙型裁出表裡布,表前後袋身燙上厚布襯。

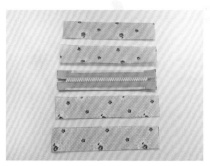

02 取4片拉鍊口布,先用3mm水溶性雙面膠黏貼在12cm拉鍊上。

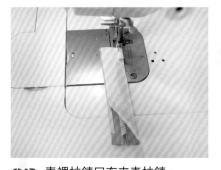

03 表裡拉鍊口布夾車拉鍊。

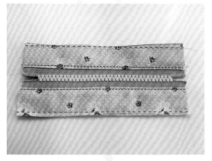

04 翻回正面,靠近拉鍊處壓臨邊線固定,口布另一側疏縫。

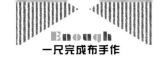

19 再拿一條和織帶一樣寬的人字織帶，貼上並在長邊兩側壓線2mm，短邊兩側較長的布往內折包覆車縫固定。

20 前後端打上四合釦。

21 母釦一顆，其他是公釦，打好後就可調整圓圈大小。

22 扣在零錢包上示意圖。（零錢包要打上母釦）

※ 御飯糰和豆腐零錢包作法相同。

製作吊飾

16 單邊吊飾布裁 4×38cm。雙邊吊飾布裁 4×45cm，用滾邊器燙好。

17 車好兩邊，裝上五金掛鉤，打上鉚釘。

製作固定環

※ 可另外做一條布條包上織帶，打上四合釦，就可戴在手上或裝在自行車上。

18 長度自訂，布條剪比織帶長，布條寬度比織帶寬 2cm。織帶上下貼水溶雙面膠，包覆黏合。

13 再車縫實際的縫份 7mm（分兩次車縫較好車，一次車縫亦可），車法相同完成另一側。

14 斜邊布滾邊包縫兩邊的縫份。

15 翻回正面稍微整燙即完成。

其它包邊方式

A 可用人字織帶包邊。

B 用縫紉機車布邊的功能，密針車縫上下兩圈。

製作示範／布啾
編輯／Forig
成品攝影／林宗億

完成尺寸
寬 14cm× 高 22cm

呆萌君
智慧手機袋

難易度
3

可愛的呆萌君隨著春天到來而甦醒了，伸展圓滾滾的身體準備到處覓食，只要能引起他們好奇心的東西，都有放進大嘴裡品嚐的習性，或許你遺失的卡片就是被他們給吃掉了。

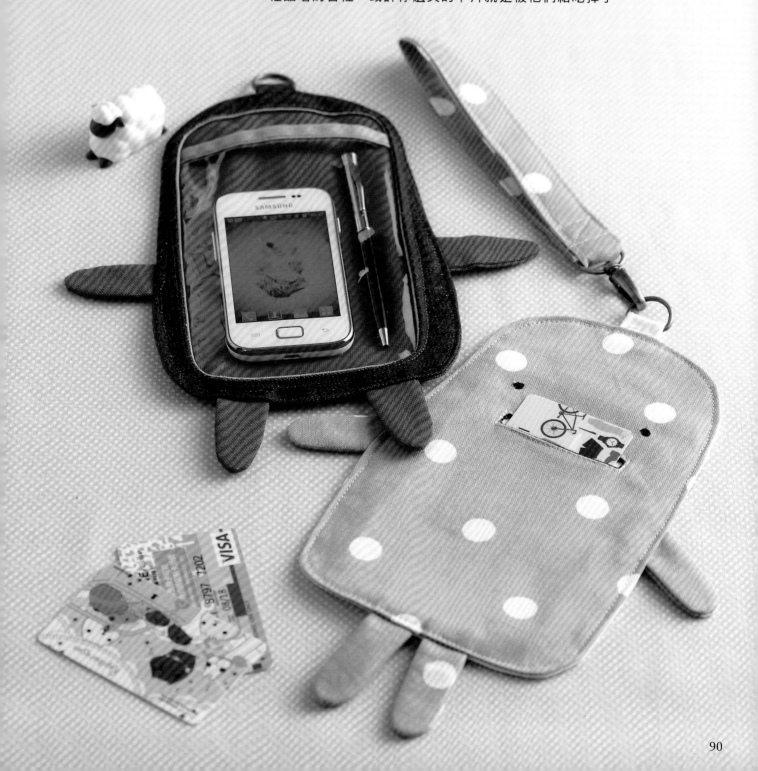

PROFILE

布啾

一個喜歡天馬行空幻想的美術老師，在布作中找到創作的成就感。
喜愛利用不同元素與媒材去製作布雜貨，但也重視「實用」這點。

臉書粉絲專頁：**布啾手作**
部落格 http：//a77super.pixnet.net/blog

Materials 紙型 D 面

裁布：

表裡袋身	紙型	4片（表裡各兩片）
卡套布	9×13cm	2片
透明布	18×14cm	1片
包邊布	14×4cm	1片
掛耳布	9×4cm	1片
四肢布	15×4.5cm	4片（有紙型）

其它配件：2cmD 型環 1 個。

※ 以上紙型不含縫份、數字尺寸已含縫份。

07 除了最外側裁片外，其他部分則沿縫線留 0.5cm 縫份，其餘修剪掉。

08 取掛耳布分別往短邊兩側內折 1cm。D 型環穿入掛耳中間。

09 再將掛耳布長邊對折，依圖示車縫固定。

10 將掛耳固定至袋身上方的中心位置。

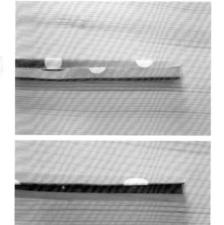

04 取包邊布分別往短邊兩側內折 1cm，再對折燙平。

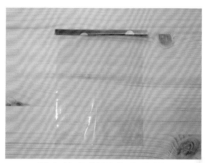

05 將包邊布對折處夾車透明布，車縫一道固定。

袋身
透明布
裡袋身

06 取完成的袋身、透明布和另一片裡袋身，依序由上而下疊好，車縫內框線一圈。

製作身體

01 將表裡袋身正面相對，依內框線車縫一圈。

02 車縫線內，留 0.5cm 縫份，用鋸齒剪出一圈。

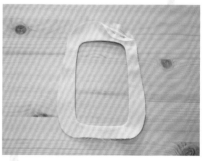

03 將袋身翻回正面，用熨斗燙平。

19 車縫一圈固定，記得留 10cm 返口，並在弧度處剪牙口。

15 黏貼上眼睛。

製作四肢與組合

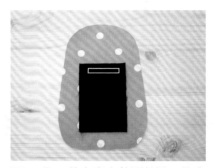

11 取 1 片卡套布放置於另一片表袋身上。用水消筆做好眼睛與嘴巴（6x1cm）的記號。再車縫框線一圈，框內一字拉鍊剪法剪開。

20 從返口處翻回正面後整燙，沿邊車縫一圈裝飾線後即完成。

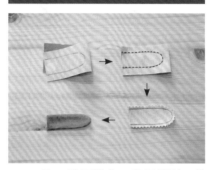

16 取 1 片四肢布，畫好紙型。依長邊處對折並車縫，沿縫線剪牙口，開口處翻回正面燙平。

12 將剪開的卡套布由外往內翻並燙平。翻回正面，下方框線壓線一道。

21 可依個人需求裝上頸掛帶。
※ 請燙有圖案的那一面，勿直接用熨斗燙透明塑膠布那一面，塑膠遇熱會溶。

17 取 4 片完成後的四肢，固定至袋身適當位置上。

18 兩片完成好的表袋身，正面相對並對齊好。

13 另一片卡套布疊放在剪開的卡套布下方，正面ㄇ字型壓線。

14 翻到背面，於兩片卡套布上車縫ㄩ字型固定。

製作示範／Kaili
編輯／Vivi
成品攝影／蕭維剛

完成尺寸

高 18cm
長 11.5cm
厚 10cm

難易度
2

保溫小提包

將陪伴過冬的保溫罐換上全新裝扮，小小羊群的繽紛色彩讓心情煥然一新，用得可愛、吃得愉快，享受一整年的綿綿幸福。

PROFILE

凱莉

Kaili Craft 凱莉・手作
Facebook 搜尋「Kaili Craft」
著作：
〈一眼愛上！凱莉的機縫手作包提案〉

Materials 紙型 D 面

裁布：（數字尺寸已含縫份 0.7cm，紙型需再外加 0.7cm。）

A：圖案布　　B：防水鋪棉布　　C：八號帆布

袋身表裡布 A1、B1	紙型	各 1	表布燙輕挺襯
拉鍊表裡布 A2、B2	紙型	正反各 1	表布燙輕挺襯
袋底表裡布 C1、B3	紙型	各 1	表布燙輕挺襯
小口袋 C2	紙型	1	X
拉鍊絆布 A4	3.5x5.5cm ↑	1	X
提耳 C3	3.5x10cm	1	X
D 環掛耳 A5	5x4cm ↑	2	X
提把布 A6	30x5.5cm ↑	1	輕挺襯：28x4cm

其他配件：

5V 塑鋼拉鍊 24.5cm、2 個 1.6cm 的 D 型環、2 個 2cm 的旋轉
鉤釦、約 100cm 的 2cm 人字帶。

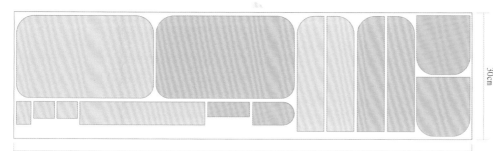

30cm

110cm

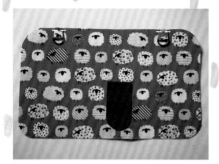

07 掛耳套入 D 環後，疏縫固定在袋身表布記號處。

08 將袋身表裡布 A1、B1 反面相對疏縫一整圈。

24.5cm

09 取 5V 拉鍊長度 24.5cm。

10 拉鍊絆布 A4 上下摺入縫份 0.7cm，對摺包住拉鍊後車縫固定裝飾線。

05 固定口袋後，使用拆線器將疏縫線拆掉。

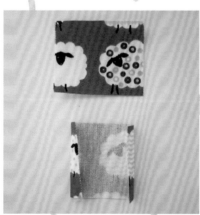

06 D 環掛耳 A5 短邊向內摺入 0.7cm，再對折一次後，兩邊車縫固定裝飾線。

袋身製作

01 小口袋 C2 在 0.5cm 處疏縫（使用容易辨識的車線顏色）。

02 沿車線邊摺入整燙。

03 上方向內摺入 1cm，在正面 0.5cm 處車縫固定。

04 將小口袋 C2 放置在袋身表布 A1 上車縫。

96

18 提耳 C3 對摺後疏縫固定在拉鍊上端。

19 組合袋身和拉鍊布,先將上下中心處車縫固定。

20 車縫整圈,轉彎處剪牙口會較容易車縫。

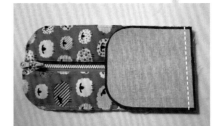

15 袋底表裡布 C1、B3 夾車拉鍊表裡布。

16 翻至正面車壓固定裝飾線後,疏縫另外 3 邊。

正面
反面

17 提耳 C3 兩長邊向內摺入 0.7cm 後,沿邊車縫固定線。

11 拉鍊與拉鍊表布 A2 疏縫固定。

12 再與拉鍊裡布 B2 夾車拉鍊。

13 翻至正面,沿邊車壓上固定裝飾線,另一邊同作法。

14 套入拉鍊拉頭後,疏縫 3 邊,固定拉鍊表裡布。

24 輕挺襯確實置中整燙好，提把布 A6 兩長邊沿著輕挺襯的邊，摺入縫份整燙。

25 再對摺後整燙，沿邊車縫固定裝飾線。

21 取長約 100cm 的人字帶沿車縫線車縫一圈在縫份上。

26 兩邊套入旋轉鉤釦後，摺雙車縫後即完成提把。

22 包住縫份後，手縫捲針縫或藏針縫一整圈。

27 完成。

23 翻至正面，完成袋身。

NCC

縫紉世界第一品牌
New Creative Collection for LIFE

採集生活 新創意
New Creative Collection For Life

全方位品牌發展 | 行銷全球 | 創造更多縫紉的樂趣與價值

喜佳自有品牌NCC-提倡新縫紉概念

讓更多喜好創新的朋友，能將生活的態度及想法，經由縫紉充分表達個人的巧思及創意~
輕輕鬆鬆賦予生活全新的感動與滿足，這就是NCC品牌對縫紉生活的新創意！

入門推薦機型

Magic
CC-1861
魔法師電腦型縫紉機

滿足您多樣的縫紉需求，
讓生活充滿神奇

Simple Sewing
加盟熱情招募中

優先招募對象

＊對手作有濃厚興趣，經實體通路實習、訓
　練三至六個月，總公司予以培訓展店。
＊曾自有或參與縫紉手作相關零售買賣店
　面之經營者，總公司予以輔導展店。

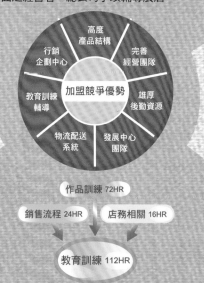

加盟競爭優勢

- 高度產品結構
- 完善經營團隊
- 雄厚後勤資源
- 發展中心團隊
- 物流配送系統
- 教育訓練輔導
- 行銷企劃中心

作品訓練 72HR

銷售流程 24HR　店務相關 16HR

教育訓練 112HR

加盟專線 02-2649-8555轉分機823
http://www.simplesewing.com.tw

Simple Sewing ™
縫紉館 加盟店

台北貝塔布藝加盟店
(02)8712 8250

新莊夏揚加盟店
(02)2277-2799

新竹依維加盟店
(03)666-3739

宜蘭布到會加盟店
(03)959-3155

桃園小蕎森林加盟店
(03)336-6988

彰化哈波尼斯加盟店
(04)720-1476

三重飛翔手作加盟店
(02)2989-9967

蘆洲家家湘布工坊加盟店
(02)2283-3526

高雄波力加盟店
(07)215-5836

臺灣喜佳股份有限公司

客服專線：0800-050855　　網址：http://www.cces.com.tw

玩美！手作 Q&A 《一直玩口金（一）》

第14回

很想知道怎麼畫口金的紙型？遇到新的口金款式，或是買到的口金卻和手邊的紙型不合，需要調整或重畫。竺老師先用簡單易懂的文字和照片講解原理，再示範一字口金快速實做和變化實例。讓大家運用這些秘訣舉一反三，口金一直玩！

示範、文／竺靜玉　協助示範／潘素英、魏婉婷
編輯／Vivi　攝影／蕭維剛

夢想兔 竺靜玉 老師
手作玩樂 20 年，提倡用電腦玩拼布紙型教學、舉辦拼布手作讀書會等，多年來持續提供手作之友 Q&A 研討和分享夢想兔小撇步。

電話：(02)2968-4278
地址：新北市板橋區南門街 44 之 1 號 1 樓
部落格：http://blog. 夢想兔 .tw

掌握！
基本原則

Q1 「我該如何為口金畫紙型？」

A1 ・玩美原理：「口金開合的範圍，就是袋物的開口。」
　　　・玩美解析：為口金畫出適合的開口，做為製作袋物的口型。
　　　・完美應用：袋口之外，如袋身、側身……就可以自行設計變化，所以
　　　　　　　　　可以一直玩口金，樂此不疲。

玩美解碼器

● 常見口金

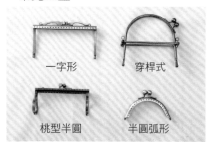

口金是袋口的材料，有很多種款式。常見有半圓弧形、一字形（冂形高腳）、側邊三角、桃型半圓、穿桿式等等。

● 開口大小

1. 有側身的口金要打開，在範圍內決定側身寬度。
2. 或是圓柱形袋身的開口範圍。

● 應用作品

半圓弧型　　　桃型半圓
口金應用　　　口金應用

● 為口金袋口畫紙型

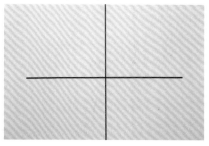

STEP1 劃出十字線。

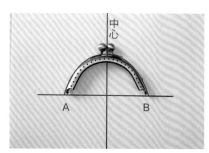

STEP2 在中心點放上口金，畫出止點和外框（完成品不含縫份的尺寸）。

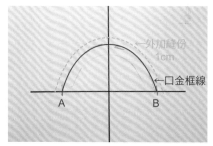

STEP3 外加縫份，製作袋口型版。

注意！
常見問題

Q2 「我做好袋身，買到的口金怎麼不能裝？」

A2 ・**NG** 問題點：這是因為各款口金模子不同，標示相同尺寸的口金不一定
　　　　　　　　　能夠共用紙型。例如：弧形口金的標示尺寸通常是二端點
　　　　　　　　　的距離，但上面弧度並不一定相同唷！若先做完袋身才找
　　　　　　　　　口金來配對的話，有可能會遇到尺寸不合的問題。

　　　・**NG** 逆轉勝：完美 SOP 流程
　　　　　　　　　1. 先準備口金→ 2. 核對或重畫袋口紙型→ 3. 製作袋物

● 一字形口金這樣玩

金邊玫瑰二用小錢包

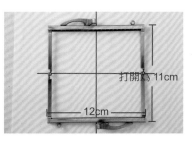

打開為 11cm
12cm

摺起為 6cm

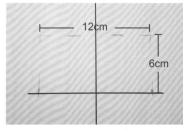

12cm

6cm

SOP1. 準備口金： 12cm 一字口金

SOP2. 核對口金尺寸： 依圖所得之資料，設定款式開口完成尺寸寬度大於 12cm~13cm，側邊展開為 11cm 之內，高度要大於 6cm 的作品。

SOP3. 製作袋物

● **袋物設計：** 設定袋口12cm×10cm，依圖案大小與便利等因素設計出長方體小錢包。
（完成尺寸：長12cm×高10cm×深10cm）
● 長方設計規格簡化。
● 前後底設計三片同大小，易取圖，接縫容易。

● 材料

表袋身 A（鋪棉壓線後）14×32cm×1 片（或以布取圖 a14×12cm×3 片連接）
裡袋身 C　14×32cm×1 片
表側身 B　12×12cm×2 片
裡側身 D　12×12cm×2 片
其他：12cm 一字口金 ×1 個、縫線、金蔥線、皮革線、鋪棉（大 1 片／小 2 片）、
　　　薄襯、活動小提把 ×1 條
※ 以上標示尺寸已含縫份 1cm

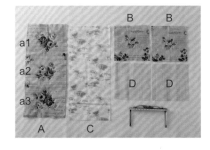

特色與小撇步：

● 傳統先組好再縫口金

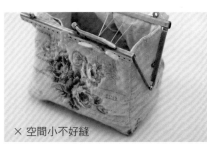

× 空間小不好縫

● 先縫口金（要先對齊中心點），再組側邊，側底先夾縫牢固。

○ 大空間好縫

側邊空間大縫合更容易。

側邊組合只需藏針縫二次補強即可，不須捲針縫費時費工。

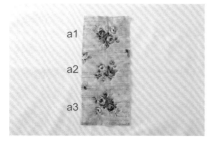

STEP1 準備表袋身 A（或是連接 a 三片）

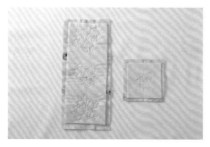

表袋身 A 和側身 B，皆先鋪棉和燙薄襯後

再沿花朵邊壓縫金蔥線。

STEP2 側身 B / D 表、裡布

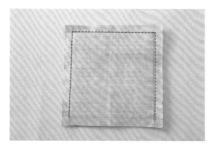

正面相對，縫三邊ㄇ形

翻正面袋口壓線。

STEP3 在表布 A 袋底區 (a2) 二側固定側身 B/D

蓋上裡袋身 C，縫周圍留返口

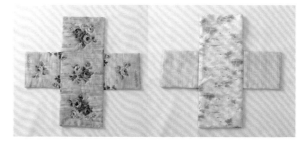

翻正面，整燙。

STEP4 用皮革線縫口金。

STEP5 縫側身。（側身袋ㄇ對齊口金下緣）

完成。　　　　側身放入口金內側。

可直接放入大包，或是加提把單獨使用。

Q₃ 「袋形可以變大嗎？一定要做側身嗎？」

A₃ 口金長大了

💡 **特色與小撇步：**

作法和金邊包一樣，換成 20cm 一字口金設計，來裝我們常用的工具袋出門上課。
- 袋身 22×36cm（表布 A、裡布 C 各 1 片）
- 側邊布 12×14cm（表布 B、裡布 D 各 2 片）

※A 也可用 a1 前 22×14cm+ a2 底
22×12cm+ a3 後 22×14cm 接成

俏皮狗縫紉工具袋

側身講解： 側身示範使用長方形，亦可改用梯形 ▱，或可用 ⬭。

紫色花園肩背包

A₃ 袋子長高了

💡 **特色與小撇步：**

原本夾車織帶打底角的提包，完成尺寸為寬 30cm× 高 40cm，打了 10cm 底角。
因袋口大，做好袋子可以直接縫口金，若裝上 20cm 口金，加上背帶，效果完全不同。

超流行束口後背包

束口後背包因流行而隨處可見，它隨性輕便的特質廣受年輕族群的喜愛，外觀上不同的功能、花色或布料材質造就出獨特的自我風格。容量大又好收納的實用流行包款，怎麼能不擁有呢？

製作示範／雙魚花園　編輯／Forig　成品攝影／林宗億
完成尺寸／寬 36cm× 高 31cm
難易度／❤❤❤

Materials 紙型 Ⓓ 面

裁布：

貓頭鷹布

袋身	33×47cm	2 片（表裡各 2）
立體口袋	14.5×21.5cm	2 片（表裡各 1）
袋蓋	紙型	2 片（表裡各 1）
提把布	8×30cm	2 片

其他配件：長 28cm 蕾絲、魔鬼氈長 8cm、長 200cm 棉繩 2 條、內徑 1cm 雞眼釦 2 個。

玫瑰花布

袋身	35×47cm	2 片（表裡各 2）
拉鍊口袋	15×24cm	1 片
表口袋	35×31.5cm	1 片

※玫瑰款口袋弧度有紙型

其他配件：長 38cm 蕾絲、10cm 拉鍊 1 條、長 200cm 棉繩 2 條、內徑 1cm 雞眼釦 2 個。

米色素布

袋身	41×46cm	2 片（表裡各 2）
格子布	15×10.5cm	2 片（表裡各 1）
咖啡水玉	15×14cm	1 片
咖啡星星	14.5×14cm	2 片
裡外口袋	41×14cm	1 片

其他配件：12.5cm 拉鍊 1 條、布標 1 個、細蕾絲長 15cm、寬蕾絲長 28cm、長 200cm 棉繩 2 條、內徑 1cm 雞眼釦 2 個。

※以上紙型不含縫份、數字尺寸已含縫份。

Profile
何宜芝

喜歡手作的感覺，喜歡手作帶來的溫暖與成就感，就這樣一步一步踏入拼布的奇幻世界。從入門到獲得證書，從學習到自我創作，在拼布的世界裡成長，也希望與大家分享創作的點點滴滴。

雙魚花園愛拼布

部落格 http://pisceshandmade.pixnet.net/blog

9 在立體口袋上方 1cm 處畫記號線，把袋蓋對齊記號線車縫 0.2cm 固定。

10 再將袋蓋往上翻，車縫 0.5cm 固定，口袋即完成。

♥ 製作袋身

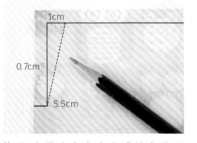

11 取表袋身在上方完成線上往下 5.5cm、左往右 1cm 處畫記號點並連接起來。

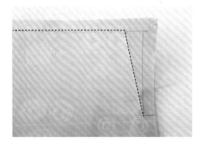

12 表裡袋身正面相對，依圖示車縫袋口和畫線的記號處。

5 口袋兩側打摺對齊，並在下方 0.5cm 處壓線固定。

6 取表裡袋蓋正面相對，U 字型車縫固定，並修剪弧度縫份和剪牙口。

7 翻到正面 U 字型壓線。取蕾絲距離袋蓋下方往上 2cm 處車縫固定。

8 再把魔鬼氈勾面車縫在袋蓋背面的蕾絲中心上。

♥ 製作立體口袋

1 取表裡立體口袋正面相對，車縫ㄇ字型，修剪角度縫份。

2 翻回正面，左右兩側往內 3cm 處畫記號線，對折壓線固定。

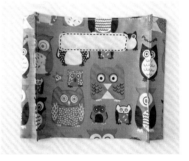

3 口袋上方壓線一道，上往下 2cm 把魔鬼氈毛面車縫上去。

4 立體口袋置上，中心點與表袋身下方對齊，左右兩邊往內 9.5cm 畫記號線，並將口袋對齊車縫固定。

21 袋口處穿入棉繩一圈,再穿入袋底雞眼釦打結。另一條棉繩反方向穿入。

17 翻回正面的轉角處示意圖。

13 車好前後袋身,再把 2 片袋身表對表、裡對裡對齊。

18 袋身袋口下方 2cm 處畫一道記號線。

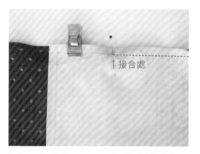

14 表袋身 5.5cm 下用珠針固定,接合處車縫ㄩ字型至另一頭接合位置。

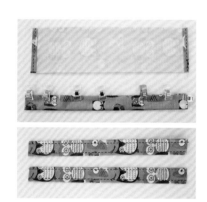

22 取提把布短邊兩端折入 0.7cm 車縫,長邊再折成三折車縫固定。

19 依記號線內折,下方 0.2cm 壓線固定。

15 裡袋身部份也同作法,但側邊要多留一段 10cm 返口。

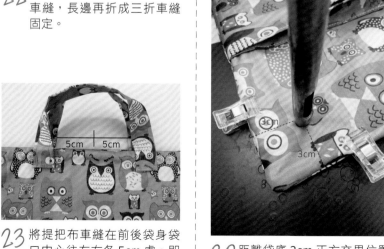

23 將提把車縫在前後袋身袋口中心往左右各 5cm 處,即完成。

20 距離袋底 3cm 正方交界位置釘上雞眼釦。

16 修剪掉轉角處縫份。

2 取咖啡水玉布把拉鍊口袋對齊車縫，在另一邊拉鍊車上蕾絲。

3 取咖啡星星布與拉鍊口袋的兩側夾車蕾絲，翻回正面壓線。

4 再與裡外口袋布上方車合，折燙好後袋口壓線固定。

5 把前口袋放置表袋身下方，在蕾絲縫份處壓兩道線固定，將前口袋分為三個小口袋。

4 車縫弧度線後，修剪掉縫份並剪牙口。

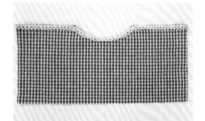

5 翻回正面後整燙，並在上方處車縫蕾絲做裝飾。

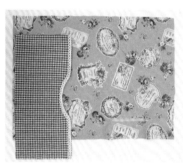

6 將口袋布放置在表袋身下方對齊，車縫左右兩側固定。

♥ 外觀口袋變化款 B

1 取格子布先車縫上布標，再與裡布夾車 12.5cm 拉鍊。

♥ 外觀口袋變化款 A

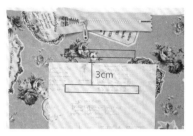

1 取拉鍊口袋由上往下 3cm 中心處畫 10×1cm 的長方形。取表袋身由上往下 8cm、右往左 5cm 處畫一樣尺寸直立的長方形。

2 兩片重疊在一起，車縫 10cm 的拉鍊口袋完成。

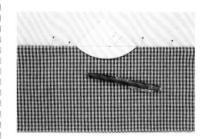

3 取表口袋 31.5cm 對折，依紙型畫出中心弧度。

示範／郭芷廷　編輯／Vivi　攝影／蕭維剛

完成尺寸／高 100.5cm× 寬 84.5cm

難易度／❋❋❋

粉櫻天空寶貝毯

淡淡的粉紅交織錯落在藍色調的花布上，如同粉色櫻花襯著藍天般柔美可人，

最適合春天的溫柔色彩，讓心情都變得晴朗。

Materials

裁布：（數字尺寸皆含縫份 0.7cm）

A 組	藍花布 17.5 cm×17.5cm×10 片	（10 色 × 各 1 片）
	粉色布 13.5 cm×13.5cm×10 片	（2 色 × 各 5 片）
B 組	藍花布 13.5 cm×13.5cm×10 片	（10 色 × 各 1 片）
	白色布 17.5 cm×17.5cm×10 片	（共用 3 尺白色布）
白色斜飾條布（不需斜布）	4.5 cm×110cm×5 條	
C 小邊條	3 cm×81.5cm×2 條	（共用 1/2 尺粉紅花布）
D 小邊條	3 cm×68.5cm×2 條	
E 大邊條	9.5 cm×84.5cm×2 條	（共用 1/2 碼藍色花布）
F 大邊條	9.5 cm×100.5cm×2 條	
後背布	3 尺	
滾邊條	6cm×400cm 長	
洋裁襯	13.5 cm×13.5cm×20 片	
洋裁襯	2.5 cm×110cm×5 條	
鋪棉	90cm×110cm	

Profile

郭芷廷

自 1994 年學習拼布開始，已有 20 年的時間，教學也已有 14 年了，人生近一半時間都跟拼布在一起，已成為生命的一部分，也是終身志業。目前為臺灣拼布網站長及校長、手縫及機縫拼布講帥。作品常見於拼布手作雜誌，並曾入選 2009 年台灣國際拼布大展。與臺灣拼布網賴淑君老師合著有：《一定要學會的機縫拼布基本功》

臺灣拼布網

台北市南港區忠孝東路六段 230 號

（02）2654-8287

網站：www.quiltwork.com.tw

臉書：www.facebook.com/quiltwork

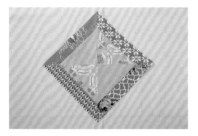

10 參考 8~9 完成正方形。

11 組合 2 片正方形。

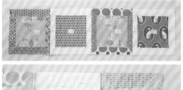

12 完成一橫條。（縫份倒向深色布）

13 組合兩橫條。（縫份攤開）

5 貼縫好後，翻到背面，留下縫份 0.7cm 剪掉，避免布料太多層過厚。

6 A 組的部分依對角線裁成 4 片三角形。

7 不同花色重組成正方形。

8 兩兩一組三角形布中心線燙貼至洋裁襯長條上。
Tip: 車縫時，三角形布尖端需朝下，起針時才不易咬布。

9 進行 Z 字縫（寬度 4.5/ 針距 2.5/ 張力 3.6）。
Tip: 起針不從布邊開始，而從襯開始，以避免咬布。

1 將布料尺寸為 13.5cm×13.5cm（共 20 片）與相同尺寸的洋裁襯 20 片，分別正面對正面將四周車縫好，縫份 0.7cm／針距 1.8。

2 四邊角剪牙口，洋裁襯中央剪返口，翻回正面，並以骨筆將布邊縫份刮平整，此時洋裁襯的有膠面已在外面，不宜整燙。

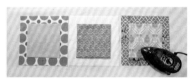

3 十字對十字置中燙貼至 17.5cm×17.5cm 布片上。

4 將步驟 3 做好的部分：
· 藍色布置中貼縫到白色布 17.5×17.5cm 上面（B 組完成備用）
· 粉色布置中貼縫到藍花布 17.5×17.5cm 上面（A 組完成備用）
· 貼縫針位 1.0／針距 1.4

GREYSCALE

BIN TRAVELER FORM

Cut By _____ Iris _____ Qty _18_ Date _05/23/25_

Scanned By _____ Qty_____ Date_____

Scanned Batch IDs

_____   _____   _____

Notes / Exception

_____

_____

_____

_____

_____

24 如圖接合滾邊條至所需長度。

25 對摺滾邊條熨燙。

26 滾邊開口側對齊後背布邊緣車縫 0.7cm，遇轉角處需留 0.7cm 不車。

27 將滾邊條向上摺 45 度，再向下摺對齊邊緣。

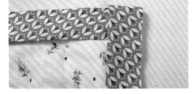

28 從布邊開始車縫滾邊。

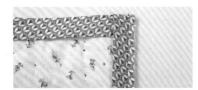

29 另一側滾邊翻至正面，以貼布縫完成滾邊。

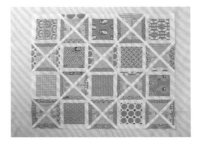

19 車縫完成整體的飾條布。

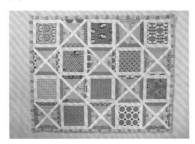

20 車縫 2 條 C，再車縫 2 條 D，完成小邊條。

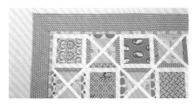

21 45 度角接縫 E 及 F。

22 表布 + 鋪棉 + 後背布三層疊合，以疏縫槍固定。中央拼接範圍壓線。

23 疏縫固定邊緣後，剪掉多餘的鋪棉及後背布。

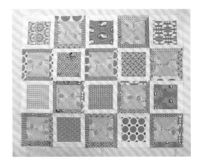

14 組合完成 20 片正方形。

15 對摺白色斜飾條布熨燙。

16 飾條布沿著對角線車縫 0.7cm 一側。

17 反摺熨燙。

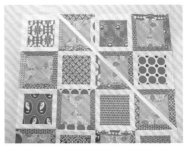

18 貼布縫固定另一側。

製作示範／王寶槵　編輯／Joe　成品攝影／詹建華
完成尺寸／寬 21cm× 高 13.5cm× 底寬 3cm
難易度／♡♡♡

暖暖羊毛氈
化妝包

在紅屋頂、白磚瓦的小房子前，一隻小小鳥
兒銜著果子可愛地跳著。將映在眼簾的夢幻
景致，以細心的手藝呈現在布包上，讓自己
無論何時都保有純真童趣的心靈。

Materials <small>紙型 D 面</small>

裁布：（數字尺寸皆含縫份 0.7cm）

表袋身（燙厚襯）	依紙型	1
裡袋身	依紙型	1

其它配件：四色羊毛、長 20cm 拉鍊。

Profile

王寶樵

於台中從事創意拼布／布小物／羊毛氈教學，每到週末，更是時常在台中的創意市集擺攤。玩布已有 10 年資歷，擅長將人物表現在拼布包上，也嘗試將羊毛氈與布包結合，希望呈現出與眾不同的手作創意。作品有時亦蘊含濃厚的日本和風味道。

♡ 製作羊毛氈

9 在表布的樹枝圖案上運用回針縫加上樹枝。

5 完成羊毛氈小鳥的圖案。

| 在表布上依紙型畫出尺寸,並裁剪下來。

10 並運用結粒繡在樹枝末端繡上紅色果子,讓小鳥嘴中也銜著果子。

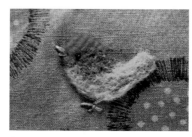

6 運用結粒繡繡上黑色眼睛後,以平針縫完成嘴巴和腳。

2 在複寫紙上貼一層透明膠帶後,在上面用筆描繪出小鳥和房子的圖案。

|| 在房子本身和屋頂分別縫上顏色相襯的繡線,窗戶右側縫上深藍色繡線作為陰影。

7 接著使用白色羊毛來氈出房子的形狀,紅色羊毛氈出屋頂。

3 取準備好的四色羊毛(1紅+3綠),如圖位置先將羊毛混色。選擇的羊毛顏色跟底布顏色要協調。

8 製作完小房子後,再取咖啡色羊毛氈出門把,並用藍色羊毛氈出窗戶。

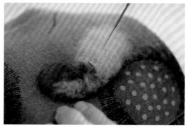

4 用戳針從外圍開始先把小鳥輪廓戳出來後,再集中戳中間的羊毛。

116

20 將內裡燙平後，最後從返口翻正，並縫合返口即完成。

16 同樣裡袋身依照上述步驟 14 至 15，黏貼在拉鍊另一側。

12 同樣依紙型在裡布畫出袋身尺寸後裁剪下來。

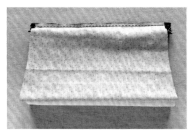

17 距上方 0.5cm 處畫線，按照剛畫好的記號壓線。

13 於表袋身背面燙襯，增加包包挺度。

18 於前、後袋身兩側如圖壓線，記得留一處返口。

14 將水溶性雙面膠貼在前表袋身，拉鍊正面相對後黏貼上。並在後表袋身這一面也貼上雙面膠。

19 表裡袋身底部皆打底角，寬度為 2.5cm。

15 撕下剛貼好的雙面膠，將後表袋身與前表袋身正面相對，並黏貼於拉鍊的另一邊。

Cotton Life 玩布生活 No.17 讀者回函回覆

感謝讀者長期對 Cotton Life 的關注與愛護，你們花心思寫的建議和評論我們都有接納並反省，希望為喜愛縫紉手作的同好們繼續努力做出好的學習雜誌。

　　收了那麼多期的回函，編輯們看到很多寶貴意見，覺得很珍貴，想和讀者們互動，一起學習進步，也可以表達我們滿滿的感謝。

讀者問：希望能增加洋裁、家飾品、小朋友用、拼布、收納資料本等等單元。

編輯答：洋裁每期固定會有一至二篇，沒有一次收錄多篇的原因，除了紙型占比很大外，還會影響其他包款的線條，變得更複雜，所以分期收錄。其它讀者推薦的單元我們規劃時都會考量進去，但每期收錄有限，有些前期已有，就會先輪替過，以持續創想新的主題為主。

讀者問：雜誌大多都是包款，應該要有更多其它手作單元。

編輯答：前幾期都是以包款為主，為了給喜歡做包的讀者更多款式的選擇。但規劃方向也會不定期做調整，本期已有添加其它不同單元了喔。

讀者問：紙型線條複雜，眼睛會眼花，稍不留意，就會閃失。

編輯答：校稿時編輯也是耗費眼力和心力，所以感同身受，也有考慮過附光碟方式，但擔心拷貝容易，還在思量最佳的解決辦法，若有好方法，感謝賜教。

讀者問：希望有包款的配件、材料、布料等購買資訊，店家介紹等。

編輯答：老師們示範的包款都是使用自己店面有進的材料喔，在雜誌上老師的Profile就有店址，如果地區太遠購買不便，只好麻煩讀者另尋相似配件。後續規劃會不定期增加店家介紹，提供新手讀者們一些採買資訊。

正評負評總結

　　自從新增打版單元後，很多讀者都希望能有更多內容或更進階的打版教學，這部份之前和老師已有討論過，會循序漸進的增加難度，也會繼續延續下去，感謝老師不吝分享指教。

　　有些包款讀者不喜歡，或是覺得包款太多，這部份我們會多和老師溝通討論；或是對美編的設計有小意見，我們都會再改進，希望能持續支持，看到我們的改變喔！最後感謝讀者們花時間和心思給的寶貴意見。

CottonLife 玩布生活 No.18

讀者問卷調查

Q1. 您覺得本期雜誌的整體感覺如何？　□很好　　□還可以　　□有待改進

Q2. 您覺得本期封面的設計感覺如何？　□很好　　□還可以　　□有待改進

Q3. 請問您喜歡本期封面的作品？　　□喜歡　　□不喜歡

原因：_____

Q4. 本期雜誌中您最喜歡的單元有哪些？

□機縫教室《貼布縫車縫技巧公開！》P.4

□布飾小物SHOW《春之饗宴餐具包》、《花漾貓頭鷹護照套》P.9

□刊頭特集「Parent-child 親子郊遊包」 P.17

□刺繡專題「Embroidery 春色刺繡款」 P.47

□基礎打版教學《基礎打版入門之方形打底版型》 P.73

□輕洋裁小教室《輕柔飄花百搭上衣》 P.77

□用布量企劃「Enough一尺完成布手作」 P.81

□玩美！手作Q&A「一直玩口金(1)」 P.100

□異材質布料結合《超流行束口後背包》 P.105

□拼布Fun手作《粉櫻天空寶貝毯》 P.110

□羊毛氈創意布包《暖暖羊毛氈化妝包》 P.114

Q5.刊頭特集「Parent-child 親子郊遊包」中，您最喜愛哪個作品？

原因：_____

Q6.刺繡專題「Embroidery春色刺繡款」中，您最喜愛哪個作品？

原因：_____

Q7.用布量企劃「Enough一尺完成布手作」中，您最喜愛哪個作品？

原因：_____

Q8.整本雜誌中您最不喜歡的作品或單元？

原因：_____

Q9.整體作品的教學示範覺得如何？　□適中　　□簡單　　□太難

Q10.請問您購買玩布生活雜誌是？　□第一次買　□每期必買　□偶爾才買

Q11. 您從何處購得本刊物？　□一般書店　　□超商　　□網路商店（博客來、金石堂、誠品、其他）

Q12. 是否有想要推薦作品的朋友或老師？

姓名：_____　連絡電話：_____

網站／部落格：_____

Q13. 感謝您購買玩布生活雜誌，請留下您對於我們未來內容的建議：

_____

_____

姓名 /		性別／□女　□男	年齡／　　歲
出生日期／　　月　　日		職業／□家管　□上班族　□學生　□其他	
手作經歷／□半年以內　□一年以內　□三年以內　□三年以上　□無			
聯繫電話／（H）　　　　（O）　　　　（手機）			
通訊地址／郵遞區號 □□□□□			
E-Mail /		部落格／	

讀者回函抽好禮

活動辦法：2015年06月15日前將問卷回收（影印無效）填寫寄回本社，就有機會得到以下贈品。
獲獎名單將於官方部落格(http://cottonlife.pixnet.net/blog)公佈，贈品將於07月統一寄出。
※本活動只適用於台灣、澎湖、金門、馬祖地區。

頭獎

1名

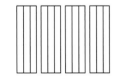

NCC縫紉機
（市價25800元）

2名

泰國象針插馬卡龍

2名

可愛小孩頭像髮夾

請貼5元郵票

飛天出版社 Cotton Life 玩布生活 編輯部

235 新北市中和區中山路二段530號6F-1
讀者服務電話：（02）2223-3531

黏貼處

2名

彩虹小馬鈕扣裝飾

2名

可愛小鳥鈕扣裝飾

2名

寶石公主鈕扣裝飾

2名

皮片插釦一組（咖啡）

請沿此虛線剪下，對折黏貼寄回，謝謝！